U0248345

普通高校本科计算机专业特色教材精选·算法与程序设计

程序设计基础（C语言版）

徐正芹 赵文栋 彭来献 李艾静 王海 编著

清华大学出版社
北京

内 容 简 介

本书根据初学者的认知特点,紧贴教学、循序渐进、由浅入深地讲解了 C 语言的知识。

全书共分为两个部分:第一部分是 C 语言程序设计,共 11 章,系统地对 C 语言的基本语法和基本技巧进行介绍;第二部分是上机实验,内容包括编程思路、设计方法、程序代码、调试过程等,用于提高学生的实际程序设计能力。本书以 C 程序实例作为引导,通过典型例题对重点知识进行强化,符合程序设计的学习规律。本书的例题和上机综合实验全部在 Visual C++ 6.0 环境下调试通过。

本书适合作为高等学校理工类专业程序设计基础课程教材,也可供程序设计初学者自学参考。

图书在版编目(CIP)数据

程序设计基础(C语言版)/徐正芹等编著. —北京:清华大学出版社,2019
(普通高校本科计算机专业特色教材精选·算法与程序设计)
ISBN 978-7-302-52194-5

Ⅰ.①程…　Ⅱ.①徐…　Ⅲ.①C语言－程序设计－高等学校－教材　Ⅳ.①TP312.8

中国版本图书馆 CIP 数据核字(2019)第 013072 号

责任编辑:袁勤勇　战晓雷
封面设计:傅瑞学
责任校对:胡伟民
责任印制:沈　露

出版发行:清华大学出版社
　　　　网　　　址:http://www.tup.com.cn,http://www.wqbook.com
　　　　地　　　址:北京清华大学学研大厦 A 座　　　邮　　编:100084
　　　　社 总 机:010-62770175　　　　　　　　　邮　　购:010-62786544
　　　　投稿与读者服务:010-62776969,c-service@tup.tsinghua.edu.cn
　　　　质量反馈:010-62772015,zhiliang@tup.tsinghua.edu.cn
　　　　课件下载:http://www.tup.com.cn,010-62795954
印 装 者:三河市龙大印装有限公司
经　　销:全国新华书店
开　　本:185mm×260mm　　　**印　　张:**17　　　**字　　数:**420 千字
版　　次:2019 年 5 月第 1 版　　　　　　　　**印　　次:**2019 年 5 月第 1 次印刷
定　　价:39.00 元

产品编号:081358-01

出版说明

INTRODUCTION

在我国高等教育逐步实现大众化后，越来越多的高等学校将会面向国民经济发展的第一线，为行业、企业培养各级各类高级应用型专门人才。为此，教育部已经启动了"高等学校教学质量和教学改革工程"，强调要以信息技术为手段，深化教学改革和人才培养模式改革。如何根据社会的实际需要，根据各行各业的具体人才需求，培养具有特色显著的人才，是我们共同面临的重大问题。具体地，培养具有一定专业特色的和特定能力强的计算机专业应用型人才则是计算机教育要解决的问题。

为了适应 21 世纪人才培养的需要，培养具有特色的计算机人才，急需一批适合各种人才培养特点的计算机专业教材。目前，一些高校在计算机专业教学和教材改革方面已经做了大量工作，许多教师在计算机专业教学和科研方面已经积累了许多宝贵经验。将他们的教研成果转化为教材的形式，向全国其他学校推广，对于深化我国高等学校的教学改革是一件十分有意义的事。

清华大学出版社在经过大量调查研究的基础上，决定编写出版一套"普通高校本科计算机专业特色教材精选"。本套教材是针对当前高等教育改革的新形势，以社会对人才的需求为导向，主要以培养应用型计算机人才为目标，立足课程改革和教材创新，广泛吸纳全国各地的高等院校计算机优秀教师参与编写，从中精选出版确实反映计算机专业教学方向的特色教材，供普通高等院校计算机专业学生使用。

本套教材具有以下特点：

1. 编写目的明确

本套教材是在深入研究各地各学校办学特色的基础上，面向普通高校的计算机专业学生编写的。学生通过本套教材，主要学习计算机科学与技术专业的基本理论和基本知识，接受利用计算机解决实际问题的基本训练，培养研究和开发计算机系统，特别是应用系统的基本能力。

2. 理论知识与实践训练相结合

根据计算学科的三个学科形态及其关系，本套教材力求突出学科理论与实践紧密结合的特征，结合实例讲解理论，使理论来源于实践，又进一步指导实践得到自然的体现，使学生通过实践深化对理论的理解，更重要的是使学生学会理论方法的实际运用。

3. 注意培养学生的动手能力

每种教材都增加了能力训练部分的内容，学生通过学习和练习，能比较熟练地应用计算机知识解决实际问题。既注意培养学生分析问题的能力，也注重培养学生解决问题的能力，以适应新经济时代对人才的需要，满足就业要求。

4. 注重教材的立体化配套

大多数教材都将陆续配套教师用课件、习题及其解答提示，学生上机实验指导等辅助教学资源，有些教材还提供能用于网上下载的文件，以方便教学。

由于各地区各学校的培养目标、教学要求和办学特色均有所不同，所以对特色教学的理解也不尽一致，我们恳切希望大家在使用教材的过程中，及时地给我们提出批评和改进意见，以便我们做好教材的修订改版工作，使其日趋完善。

我们相信经过大家的共同努力，这套教材一定能成为特色鲜明、质量上乘的优秀教材，同时，我们也希望通过本套教材的编写出版，为"高等学校教学质量和教学改革工程"做出贡献。

清华大学出版社

前 言

PREFACE

　　"程序设计基础"是高等学校理工类专业学生的基础课程。本书以 C/C++ 语言作为基本工具，以程序设计思想与方法作为核心内容，以动手编程解决实际问题能力的培养作为最终目标。通过本书，不仅要使学生掌握程序设计语言的语法与结构，更重要的是逐步培养学生用计算机解决问题的思维、习惯与方法。

　　本书的读者对象是没有编程基础的初学者，他们通过本书所能接触到的也只是一些简单的程序，但程序结构的设计和编程习惯的培养却正是从初学阶段开始形成的，因此本书对概念、算法、语法以及例题的讲解都强调规范化、结构化，引导读者适当地模仿，从开始就养成规范编程的习惯。

　　本书有以下特色：

　　（1）本书以程序设计为核心，将 C 语言的有关语法有机结合到程序设计实例中，避免了生硬枯燥的语法介绍。

　　（2）突出针对性。这主要是指"继续学习"的针对性。C 语言的后续课程主要有两类：一类是其他编程语言课程；另一类是后续专业课程，包括"数据结构""数据库""算法分析"等。在教学实践中经常出现这种情况：作为这些课程基础知识应该提前掌握的知识，学生在 C 语言的学习中并未认真掌握，如参数的传递方式、指针的使用和内存的动态申请等，需要重新学，给教学带来了很大的不便。本书引入了数据结构中的简单算法和基础内容作为讲解实例或应用实例，使计算机相关专业学生为将来的专业课程学习打好基础，也使非计算机专业的学生有能力进一步拓展知识。

　　（3）注重实用性。本书不仅介绍编程的理论和方法，还通过上机实践来提高学生的编程能力。本书以 Visual C++ 6.0 为基本开发环境，用一定的篇幅对 Visual C++ 6.0 的编程和调试环境作了较深入的介绍，既能激发学生的学习兴趣，更能为学生今后学习高级开发技术打下良好的基础。本书的例题和上机实验全部在 Visual C++ 6.0 环境下调试通过。

（4）强调编程技巧和方法。本书强调结构化程序设计的概念、方法和编程技巧。10 个上机实验内容包括问题的提出、编程思路、设计方法、程序代码、调试过程等，以帮助学生提高程序设计能力。

（5）本书将编程学习过程中容易出错的地方用黑框标出，重点加以说明，使初学者避免了在学习过程中"踩雷"。

本书分为两部分。

第一部分是 C 语言程序设计，系统地介绍了程序设计的方法及 C 语言的基本语法和基本技巧，是本书的主体部分，共 11 章。其中带*的内容为扩展内容，在今后的学习中应用较少，跳过这些部分，不会对其他内容的学习带来影响，可以等将来用到时再回来查阅。各章内容如下：第 1 章通过几个简单的示例程序，对 C 语言程序作初步介绍；第 2 章介绍程序设计方法、程序设计过程、程序设计语言的概念，并简要介绍结构化程序的几种基本控制结构；第 3 章介绍数据类型、常量与变量、运算符与表达式的概念；第 4 章介绍常用的输入输出函数和顺序结构程序设计；第 5 章介绍关系运算及选择结构程序设计；第 6 章介绍循环结构程序设计；第 7 章介绍数组的定义、引用、初始化及数组的应用；第 8 章介绍函数的使用、参数的传递及变量的作用域等内容；第 9 章介绍指针的概念和运算、指针在函数调用中的作用及指针与数组的关系等内容；第 10 章介绍结构、联合和枚举等类型；第 11 章介绍与文件操作相关的内容。

第二部分是上机实验，包括 10 次实验的内容。实验内容的安排基本与第一部分的各章相对应。一般每次实验安排两三个不同难度的题目，可以根据上机时间有选择地安排其中的部分题目。

本书主要作为高等学校理工类专业的程序设计基础课程教材，也可作为计算机爱好者学习 C 语言的参考书。本书电子教案可从清华大学出版社网站 www.tup.com.cn 下载。限于作者水平，书中难免会存在一些不足之处，敬请读者批评指正。

作　者

2018 年 9 月

目 录

CONTENTS

第 **1** 章

CHAPTER 1

C 语言初步介绍

学习一种程序设计语言,最有效的途径就是用它来实际编写程序。本章首先通过几个简单的 C 语言程序使学习者对 C 语言有初步的了解;然后介绍 C 语言的字符集和词汇;最后对 C 语言上机操作的相关知识进行简要介绍。

本章重点:掌握 C 语言程序的结构形式和书写规则;正确区分和使用标识符、保留字、运算符和分隔符等。

1.1 几个例子

例 1.1 首先给出一个最简单的 C 语言程序。

```
#include <stdio.h>
void main()              /* 主函数,每个程序都必须有 */
{
    printf("这是一个最简单的 C 程序!\n"); /* 输出语句,以分号结束 */
}
```

运行结果:

这是一个最简单的 C 程序!

上述程序中,/ * 和 * /中间的内容是注释。注释对 C 程序的执行没有影响。在程序中增加注释是好的编程习惯,可以提高程序的可读性。

♯include <stdio.h>是一条编译预处理命令,此句包含了一个标准输入输出的头文件,有了此句,在程序中就可以使用 scanf、printf 等输入输出标准库函数了。

void main()表示主函数,是 C 语言程序必须有的一个函数。由{ }括起来的部分是函数体,它用来规定该函数所要完成的工作。函数体由一系列语句组成,每个语句都以分号结束。

本例主函数的函数体只包含一条语句——printf("这是一个最简单的 C 程序!\n"),它调用系统标准输出函数 printf。双引号内的字符串照原样输出。\n 表示换行符,即在输出字符串后换行。

例 1.2 用 C 语言编写程序,要求输入圆的半径值,计算圆面积并输出。

```
#include <stdio.h>
#define  PI 3.14159
void main()                        /* 计算圆面积 */
{
    int r;
    float s;
    printf("请输入圆的半径值:");
    scanf("%d",&r);                /* 输入圆的半径值 */
    s=PI*r*r;
    printf("该圆面积=%f\n",s);      /* 输出圆面积值 */
}
```

本例第 2 行也是编译预处理命令,作用是在编译前将程序中所有的 PI 都用 3.14159 替换。在 C 语言程序中,凡是前面带♯号的行都是编译预处理命令。

本例主函数的函数体由几条语句组成。函数体中第 1、2 行为变量说明,分别说明 r 为整形变量,s 为实型变量。第 3 行为 printf 函数调用,在屏幕上显示"请输入圆的半径值:",用来提示用户输入数据。第 4 行为 scanf 函数调用,它的作用是等待用户从键盘上输入数据,并将输入的数据存放到变量 r 中。第 5 行是赋值语句,用来计算=右边表达式的值,即圆面积的值,并赋予变量 s。最后一行还是 printf 函数调用,但在输出时会用变量 s 的值替换字符串中的%f。

程序的运行结果如下:

```
请输入圆的半径值:1
该圆面积=3.141590
```

例 1.3 编写一个程序,要求输入两个数,求其中较大的数。

```
#include <stdio.h>
int max(int x,int y)               /* 被调用函数 */
{
    int z;
    if(x>y) z=x;
      else z=y;
    return(z);                     /* 将 z 的值返回调用处 */
}

void main()                        /* 主函数 */
{
    int a,b,c;
    scanf("%d,%d",&a,&b);          /* 输入两个整数 */
    c=max(a,b);                    /* 调用 max 函数 */
    printf("max=%d\n",c);
}
```

本程序包含两个函数：主函数(也是主调函数)main 和被调用函数 max。max 函数的作用是将 x、y 中较大的数的值赋予 z，并通过 return 语句将 z 的值返回到 main 中的调用处。x、y 是两个形式参数，它们的值由主调函数中对应的实际参数 a、b 的值传过来。

main 函数体中第 3 行的功能是：调用 max 函数。调用时将实际参数 a 和 b 的值分别传给 max 函数中对应的形式参数 x 和 y，在执行 max 函数之后，得到一个返回值，即 max 函数中变量 z 的值，把这个值赋予变量 c。

程序的最后是输出 c 的值，运行结果如下：

```
4,6          (从键盘上输入 4、6,然后按回车键)
max=6        (输出 c 的值)
```

本例中用到函数定义、函数调用、形式参数和实际参数等概念，在后面有关章节中将作详细讨论，这里仅仅是使读者对 C 语言程序的组成和形式有一个初步的了解。

通过上面几个例子，可以看出：

(1) 一个 C 语言程序可以由多个函数组成，但必须包含且只能包含一个主函数 main。函数是组成 C 语言程序的基本单位。

(2) 一个函数由函数头和函数体两部分组成。

函数头定义了函数名、函数类型、函数形式参数名及其类型。例如上面例子中 max 函数的函数头为

```
int max(int x,int y)
```

它定义了函数名为 max，函数类型为 int(整型)，函数形式参数为 x 和 y，形式参数的类型为 int。

这里有必要说明一下，早期的 C 语言版本与 ANSI C 在函数定义上有区别。如上例，旧版本写法为

```
int max(x,y)
int x,y;
```

其中，参数在小括号内命名，参数类型在函数体左大括号前说明。本书后面的示例中都采用 ANSI C 的规定。

函数体即函数头下面大括号{}内的部分。函数体定义了该函数所要实现的功能。函数体一般包括以下两部分：

① 变量说明。如例 1.3 的 main 函数中的"int a,b,c"。

② 执行部分。由若干条语句组成，每个语句都以分号结束。

(3) 一个 C 程序中函数出现的次序可以是任意的，但总是从 main 函数开始执行。

(4) 前面带有 ♯ 的语句，如 ♯include、♯define 等，都是编译预处理命令。

(5) C 语言程序书写格式比较自由，一行可有多个语句，一个语句也可写成多行(但不能将一个单词分开)。为了提高程序的可读性，往往是一行写一个语句，并以缩进写法来体现语句的层次。

1.2 C 语言的字符集与词汇

一个 C 语言程序好比一篇英语文章,它的各种语言成分,如表达式、语句等,都是由特定字符集中的一些基本字符和词汇按照严密的语法规则构成的。这些基本字符和词汇是语言最基本的语法单位。

1.2.1 C 语言的字符集

各种程序设计语言都规定了允许使用的字符(一般称为合法字符),以便处理系统能正确识别它们。C 语言中使用的合法字符如下:

(1) 字母和数字,包括小写字母 a～z、大写字母 A～Z、数字 0～9。

(2) 特殊字符,包括以下字符:

+、=、−、_、()、*、#、&、%、$、!、|、<>、^、.、,、;、:、"、'、/、\、?、{}、[]、~。

(3) 空白字符,包括空格、换行符和制表符。

以上字符的集合就是 C 语言的字符集。C 语言程序所用的全部字符都在这个字符集中(但在字符串中可使用任意字符)。

1.2.2 词汇

单词是由字符组成的,单词的集合称为词汇。C 语言的词汇包括标识符、保留字、运算符和分隔符等。

1. 标识符

C 语言的标识符是由字母、数字和下画线"_"组成的字符序列。它的第一个字符必须是字母或下画线。根据上述规则,下面的标识符是合法的:

```
a  x1  _fout  b4c  High  _x_y
```

而下面则是不合法的标识符:

```
5a  #mod  β  b+c  .obj
```

在 C 语言的标识符中,大写字母和小写字母是有区别的,例如 ABC、Abc 和 abc 是 3 个不同的标识符。这一点与有些高级语言不同,使用时应注意。

对于标识符的长度,C 语言本身未作限制,取决于编译系统。一般编译系统规定前 8 个字符有效,如果长于 8 个字符,多余的将不被识别。这样,只要两个标识符前 8 个字符相同,系统就认为它们是同一个标识符。有的编译系统允许使用长达 31 个字符甚至更长的标识符。

标识符是用来为常量、变量、数组、函数及类型等命名的。使用标识符时,一方面要使其尽量有意义,做到见名知义,如 PI、name、count、max 等,以利于阅读和理解;另一方面要避免在书写时引起混淆,如字母 O 和数字 0、字母 I 和数字 1、字母 Z 和数字 2,减号和下画线等都容易混淆,使用时要小心。再有,不能把保留字用作一般的标识符,因为保留字在 C 语言中有专门的含义。

2. 保留字

保留字又称关键字,是 C 语言中具有特定含义的一些单词。保留字不能重新定义,也不能用作一般的标识符。ANSI C 规定的保留字共有 32 个:

auto	break	case	char	const
continue	default	do	double	else
enum	extern	float	for	goto
if	int	long	register	return
short	signed	sizeof	static	struct
switch	typedef	union	unsigned	void
volatile	while			

其中 sizeof 是一个运算符,其他保留字都用作类型说明和基本控制结构的标记,在以后的章节中会一一讲述,这里要求读者对上述保留字不要随意使用。

另外,每一种编译系统都规定了自己特有的保留字,如 Visual C++ 6.0 所规定的保留字就大多以双下画线开始,如__int64、__except 等,这里就不做详细介绍了。

3. 运算符

运算符是用来表示某种运算的符号。多数运算符由一个字符组成,也有的由多个字符组成。C 语言中运算符种类繁多,优先级复杂,另外还有结合性问题。

C 语言有 44 个运算符、15 种优先级和 2 种结合性,见附录 B,在后面的章节中也会介绍这些运算符。

4. 分隔符

分隔符是用来分隔多个单词(变量、数据、表达式等)的符号。C 语言中常用的分隔符是空格、逗号和换行符等。

1.3　C 程序的上机操作

从编写好一个 C 程序到完成运行的基本过程如图 1.1 所示。

绝大多数 C 语言的编译系统都带有编辑功能。

本书推荐的编程环境为 Windows 操作系统,编程工具采用中文版 Visual C++ 6.0。本书的所有例题和实验都在此环境下调试通过。下面简单介绍 Visual C++ 6.0(简称 VC++)的编程环境。若按照 1.3.3 节的步骤编写程序,将生成后缀是.cpp 的 C++ 源程序,但本书在此环境下仍然以 C 语言的语法编写程序。

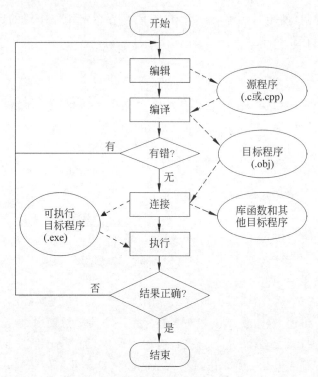

图 1.1 C 程序上机操作过程

1.3.1 启动 Visual C++ 6.0

在 Windows 桌面选择"开始"→"程序"→Microsoft Visual Studio 6.0→Microsoft Visual C++ 6.0命令,启动 Visual C++ 6.0的集成开发环境(Integrated Development Environment,IDE),出现集成开发环境窗口 Developer Studio,如图 1.2 所示。

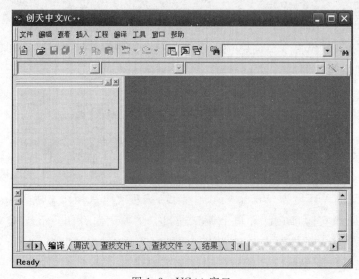

图 1.2 VC++ 窗口

1.3.2　集成开发环境介绍

VC++ 通过 Developer Studio 窗口将所有组件集成在开发环境中。图 1.3 是开发应用程序时一般的 Developer Studio 窗口示意图。Developer Studio 窗口由标题栏、菜单栏、工具栏、工作区窗口、编辑窗口、输出窗口和状态栏组成。当利用 Developer Studio 打开一个项目或建立一个新项目以及进行具体操作时，各窗口将给出相应的显示信息。

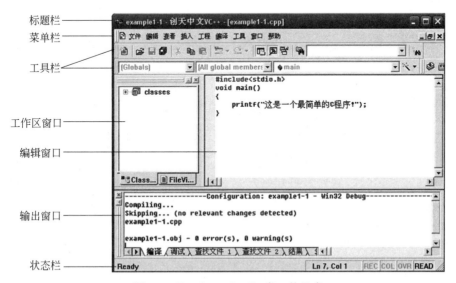

图 1.3　Developer Studio 窗口的组成

Developer 窗口最顶端的标题栏，注明当前编辑文档的名称，如"example1-1-创天中文 VC++ -[example1-1.cpp]"。名称的后面有时会显示一个星号(＊)，表示当前文档在修改后还没有保存。

菜单栏中的菜单项包括了 Visual C++ 6.0 的全部操作命令。工具栏以图标的形式显示常用操作命令。不常用的工具栏一般情况下不出现在主窗口中，只有在使用它们时才会自动弹出。Developer Studio 窗口中的菜单栏和工具栏均为停靠式，可以用鼠标拖动它们到屏幕的任何位置，其大小也可以手工调整。

编辑窗口用于显示当前编辑的 C 程序源文件。编辑窗口是含有最大化、最小化、关闭按钮的普通框架窗口。当打开一个源文件时，就自动打开其对应的编辑窗口。

工作区窗口用于列出应用程序中的结构体和源文件。

编辑窗口和工作区窗口下面是输出窗口，当编译、连接程序时，输出窗口会显示编译和连接信息。

如果进入程序调试状态，主窗口中还将出现一些调试窗口，这些窗口将在后续实验中详细讲解。

主窗口的最底端是状态栏，显示内容包括当前操作或所选择命令的一般性提示信息、当前光标所在的位置信息以及当前的编辑状态等。

下面以例 1.1 的程序为例，详细介绍如何在 Visual C++ 6.0 环境下建立、编译、连接、运行 C 程序。

1.3.3　一个程序的上机操作过程

1. 新建文件

执行"文件"→"新建"命令,在"新建"对话框中单击"文件"选项卡,如图 1.4 所示,选中C++ Source File,输入正确的文件名,选择正确的文件存放目录,单击"确定"按钮,如图 1.5 所示。

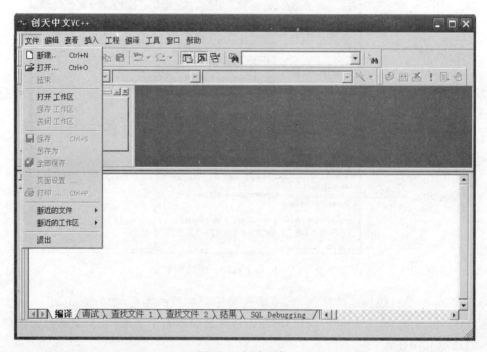

图 1.4　新建文件

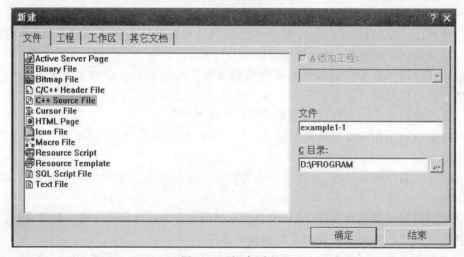

图 1.5　"新建"窗口

2．编辑和保存

在编辑窗口中输入源程序，如图 1.6 所示，然后执行"文件"→"保存"或"文件"→"另存为"命令，保存源文件。

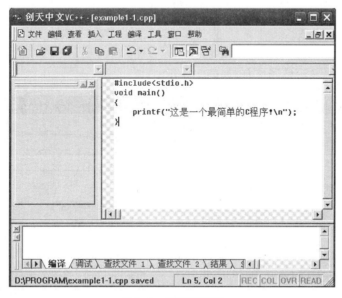

图 1.6　编辑源程序

3．编译

执行"编译"→"编译"命令或使用快捷键 Ctrl＋F7 编译源文件，如图 1.7 所示。

图 1.7　编译源文件

VC++ 需要为文件创建工作区,在如图 1.8 所示的对话框中单击"是",开始编辑。

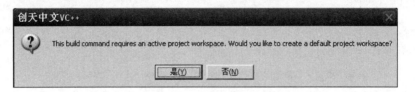

图 1.8　创建工作区

在输出窗口中显示编译信息,如图 1.9 所示。

图 1.9　编译结果

图 1.9 输出窗口中出现的"example1-1. obj - 0 error(s),0 warning(s)",表示编译正确,没有发现语法错误或警告,并产生了目标文件 example1-1. obj。

如果显示有错误,表示程序中存在致命的错误,必须修改正确才可以通过编译;如果显示有警告,虽然不影响生成目标文件,但通常也应该修改正确。

4. 连接

执行"编译"→"构件"命令或按 F7 键开始连接,并在输出窗口中显示连接结果,如图 1.10 所示。

输出窗口中出现的"example1-1. exe - 0 error(s),0 warning(s)"表示连接成功,产生了可执行文件 example1-1. exe。

5. 运行

执行"编译"→"执行"命令或使用快捷键 Ctrl+F5 运行程序。如图 1.11 所示,自动弹出运行窗口,如图 1.12 所示。

图 1.10　连接成功并产生可执行文件

图 1.11　运行程序

图 1.12　运行结果

　　运行窗口中显示运行结果为"这是一个最简单的 C 程序!"。Press any key to continue 提示读者按任意键退出 DOS 窗口,返回到 VC++ 编辑窗口。

6. 使用工具栏

上面讲述的编译、连接和运行工作也可以通过工具栏完成,效果是一样的。

图 1.10 中运行结果"这是一个最简单的 C 程序!"和 Press any key to continue 不在同一行,在程序中去掉换行符\n,如图 1.13 所示,运行时会提示程序已经修改,需要重新编译,如图 1.14 所示。运行修改后的程序,自动弹出 DOS 窗口显示结果,如图 1.15 所示。

图 1.13　使用工具栏编译和运行程序

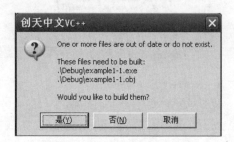

图 1.14　提示修改后重新编译

图 1.15　换行后的运行结果

7. 关闭程序工作区

执行"文件"→"关闭工作区"命令，如图 1.16 所示，在出现的对话框中选择"是"，关闭工作区，如图 1.17 所示。

图 1.16　关闭程序工作区

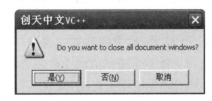

图 1.17　确认关闭所有窗口

8. 打开文件

打开文件的方法很多，可以执行"文件"→"打开"命令选择文件；可以执行"文件"→"打开工作区"命令，选择已经存在的工作区；可以执行"文件"→"新近的文件"和"新近的工作区"命令快速打开最近的几个文件或工作区。

9. 查看文件目录

经过编辑、编译、链接和运行后，在 D:\Program 中可以看到相关的文件，如图 1.18 所示，example1--1.cpp 是源程序，example1-1.obj 和 example1-1.exe 存放在 Debug 子目录下。

10. 程序调试

如果程序编译、链接均正常，也能运行，但运行结果错误，这时应进行程序调试。调试

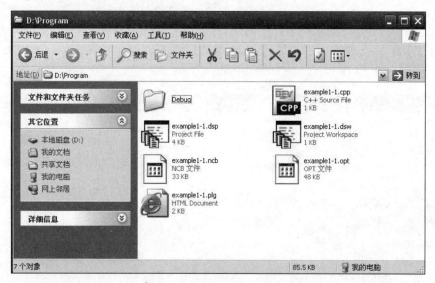

图 1.18　存放文件的目录

方法有两种,一种是直接查看源程序,另一种则是通过调试工具。下面简单介绍一下调试工具的用法。

(1) 断点的设置。在要设置断点语句处右击,在快捷菜单中选择🖐,即可设置断点。用同样的操作可以删除断点。通常断点要设在可能要出问题的语句之前。

(2) 调试。单击工具栏🔲🔲🔲！🔲🖐中的🔲按钮就可以开始调试。程序运行至断点处暂停,然后单击工具栏⇨🔲🔲🔲🔲中的🔲按钮进行单步执行,即一次执行一行语句。单步执行时,通过观察窗口下部各个变量值的变化来判断语句是否正确。

(3) 停止调试。执行菜单"编译"→"停止调试"命令。

1.4　习　　题

1. _____是组成 C 语言程序的基本单位。

2. C 语言程序上机操作的基本步骤是_____、_____、_____和_____。

3. 下列字符串中哪些可作为变量名? 哪些不能?

　　a3B　　　3ad　　　x_add　　　—b　　　x_y_z

　　π　　　♯mon　　if　　　_fout　　　$ 5d

4. 参照例题,分析下面程序的输出结果。

```
#include <stdio.h>
void main()
{
    int a,b,c;
    a=6;
    b=5;
```

```
    c=a+b;
    printf("a+b=%d\n",c);
}
```

5. 参照例题,编写一个 C 程序,用来显示以下信息:

```
************************************
欢迎光临 C 语言世界
************************************
```

6. 编写一个 C 程序,输入 a、b、c 3 个数,求平均值并输出。

7. 编写一个 C 程序,输入 a、b、c 3 个数,输出其中最大的数。

第**2**章

程序设计过程

一个程序是完成某一特定任务的一组指令序列,或者说是实现某一算法的指令序列。程序设计是指使用某种程序设计语言,按照某种算法编写程序的活动。程序设计往往以某种程序设计语言为工具,给出基于这种程序设计语言的指令序列。程序设计过程包括分析、设计、编码、调试等阶段。

本章重点:了解程序设计的过程、算法、语言和设计思想。

2.1 程序设计概述

在早期的程序设计中,由于受计算机硬件条件的限制,特别是运算速度与存储空间的不足,都迫使程序员追求高效率,编写程序成为一种技巧与艺术,而程序的可理解性、可扩充性等因素被放到第二位。

随着计算机硬件与通信技术的发展,计算机应用领域越来越广泛,应用规模也越来越大,程序设计不再是一两个程序员完成的任务。在这种情况下,编写程序不再片面追求高效率,而是综合考虑程序的可靠性、可扩充性、可重用性和可理解性等因素。

正是这种变化促进了程序设计方法与程序设计语言的发展。

2.1.1 结构化程序设计

1. 结构化程序设计的定义

结构化程序设计是进行程序设计的一种原则和方法,按照这种原则和方法可设计出结构清晰、易理解、易修改、易验证的程序。即,结构化程序设计是按照一定的原则与原理组织和编写正确且易读的程序的软件技术。结构化程序设计的目标在于使程序具有合理的结构,以保证和验证程序的正确性,从而开发出正确、合理的程序。

按照结构化程序设计的要求设计出的程序设计语言称为结构化程序设计语言。利用结构化程序设计语言,或者说按结构化程序设计的思想和原则编制的程序称为**结构化程序**。

2. 结构化程序设计的特征与风格

结构化程序设计的主要特征如下:

(1)一个程序按结构化程序设计方式构造时,就是一个结构化程序,它包括 3 种基本控制结构:顺序结构、选择(分支)结构和循环结构。这 3 种结构都是单入口、单出口的程序结构。已经证明,一个任意大而且复杂的程序总能转换成这 3 种标准形式的组合。

(2)有限制地使用 goto 语句。

(3)借助于体现结构化程序设计思想的程序设计语言来书写结构化程序,并采用一定的书写格式以提高程序结构的清晰性,增进程序的易读性。

(4)强调程序设计过程中人的思维方式与规律,是一种自顶向下的程序设计策略,它通过一组规则、规律与特有的风格对程序设计任务细分和组织。对于大规模程序设计,它则与模块化程序设计策略相结合,即将一个大规模的问题划分为几个模块,每个模块各完成一定的功能。

2.1.2 模块化程序设计的方法

在进行程序设计时,把一个大的程序按照功能划分为若干个小的程序,每一个小程序各完成一个确定的功能,在这些小程序之间建立必要的联系,相互协作完成整个程序要完成的功能。这些小的程序被称为**程序模块**。

用模块化的方法设计程序,其过程犹如搭积木,选择不同的积木块或采用积木块不同的组合就可以搭出不同的造型来。同样,选择不同的程序模块或程序模块的不同组合就可以完成不同的系统架构和功能。

将一个大的程序划分为若干不同的相对独立的程序模块,正体现了抽象的原则,这种方法已经被人们接受。把程序设计中的抽象结构转化成模块,不仅可以保证设计的逻辑正确性,而且更适合项目的集体开发。各个模块分别由不同的程序员编制,只要明确模块之间的接口关系,模块内部细节的具体实现可以由程序员自己随意设计,而模块之间不受影响。

2.1.3 面向对象的程序设计

1. 面向对象的基本概念与特征

20 世纪 80 年代末兴起了面向对象的程序设计方法,按照人通常的思维方式建立模型,设计出尽可能自然地表示求解方法的软件。

所谓建立模型就是建立问题领域中事物间的相互关系,而表示求解方法就是按照人的思维方式描述问题的求解方法。

面向对象的开发方法不仅为人们提供了较好的开发风格,而且在提高软件的生产率、可靠性、可重用性、可维护性等方面有明显的效果,已成为当今计算机界广泛使用的一种开发方法。

2. 面向对象的程序设计方法主要特点

结构化方法强调过程抽象和模块化,将现实世界映射为数据流和过程,过程之间通过数据流进行通信,数据作为被动的实体,被主动的操作所加工。结构化方法是以面向过程(或操作)为中心来构造系统和设计程序的。

面向对象的程序设计方法把世界看成是独立对象的集合,对象将数据和操作封装在一起,提供有限的外部接口,其内部的实现细节、数据结构以及对它们的操作是外部不可见的。对象之间通过消息相互通信。当一个对象为完成其功能需要请求另一个对象的服务时,前者就向后者发出一条消息;后者在接收到这条消息后,识别该消息并按照自身的适当方式予以响应。

3. 可视化的程序设计

在用传统程序设计语言来设计程序时,都是通过编写程序代码来设计输入输出的用户界面,在设计过程中看不到界面的实际显示效果,必须在编译后运行程序才能观察。如果对界面的效果不满意,还要回到程序中去修改。有时候,这种编程修改的操作可能要反复多次,大大影响了软件开发的效率。现在的可视化设计工具把 Windows 界面设计的复杂性封装起来,定义为对象,编程人员不必为界面设计而编写大量程序代码,只需要按设计要求的屏幕布局,用系统提供的工具在屏幕上画出各种部件,即图形对象,并设置这些图形对象的属性,系统就会自动产生界面设计代码。这样一来,程序设计人员只需要编写实现程序功能的那部分代码,从而可以大大提高程序设计的效率。

2.2　程序设计语言

2.2.1　程序设计的基本步骤

编制程序解决问题的基本步骤如下。

1. 分析问题以确定目标

设计程序是为了解决某些问题,所以,编制程序要有的放矢,要认真分析研究,确定程序要解决的实际问题。

2. 提出算法

将问题分析的思路进一步明确化、详细化,建立解决问题的数学模型或物理模型。把解决问题的步骤和方法一步一步地详细写下来,也就是提出算法,以便为下一步用计算机语言表达这些算法奠定基础。

3. 编写程序代码

根据提出的算法,选择适当的程序设计语言编写程序。程序设计语言是人们与计算机进行信息交流的重要工具之一。程序设计语言有许多不同的种类,主要包括机器语言、汇编语言、高级语言 3 种,人们可以根据实际的需要选择不同的程序设计语言。

4. 程序调试

编写完程序后,要进行调试,调试的目的是发现程序中的语法错误和算法上的逻辑错误,并将这些错误排除。一般在测试时,要选择一些有代表性的典型数据或者模拟某些特定的环境,对程序进行测试。现在的程序还要求具备良好的人机交互界面,并且具备一定的查错功能,能发现输入数据中的错误并给予提示。所有这些问题都要通过程序调试加以解决。

5. 投入运行

程序经过测试,纠正其中的错误后,就可以正式投入运行,实现程序设计的功能。

6. 维护升级

由于实际的应用问题和客户的需求不是一成不变的,程序正式投入运行后,可能因为应用环境的变化(包括硬件的更新)、客户需求的变化,要不断地进行维护,修改其中存在的漏洞,开发新增功能。当对某一个软件进行较大程度的修改,新增了较多功能,就称为软件升级。一般而言,每一个软件都有一个版本号,版本号的变化反映了该软件产品的升级情况。

2.2.2　算法及其表示

1. 算法的特性

算法就是对问题求解方法的精确描述。在进行程序设计时,最关键的问题是算法的提出,因为它直接关系到写出来的程序的正确性、可靠性。

算法作为对解体步骤的精确描述,应具备以下特点:

(1) 有穷性。算法必须在有限步骤之后结束,而不能无限地进行下去。因此在算法中必须给出一个结束的条件。

(2) 明确性。算法中的任何步骤都必须意义明确,不能模棱两可、含混不清,即不允许有二义性。

(3) 可执行性。算法必须能在计算机上执行,因此在算法中,所有的运算必须是计算机能够执行的基本运算。

(4) 有一定的输入输出。利用计算机解决问题时,总是需要输入一些原始的数据;计算机向用户报告结果时,总是要输出一些信息。因此,一个算法中必须要有一定的输入输出。

2. 算法的表示

可以用许多不同的方法描述算法,常用的有自然语言、流程图、伪码等。

1）自然语言

自然语言是人们日常使用的语言，可以是汉语、英语或其他文字。采用自然语言描述算法通俗易懂，但比较冗长，容易出现二义性。尤其当算法中包含判断和转移时，自然语言不太直观。因此，除了很简单的算法外，一般不采用自然语言描述算法。

2）流程图

用流程图表示算法，逻辑清楚，形象直观，容易理解，一目了然。一般均采用流程图描述算法。常见的流程图符号如表 2.1 所示。

表 2.1　常见的流程图符号

符　　号	名　　称	作　　用
	开始符、结束符	表示算法的开始和结束
	输入框、输出框	表示从外部获取信息（输入），或者将处理过的信息输出
	处理框	表示要处理的内容
	判断框	表示分支结构。菱形框有 4 个顶点，通常用上面的顶点表示入口，根据需要用其余的顶点表示出口
	流程线	表示流程的方向

3）伪码

伪码（pseudo code）是用一种介于自然语言和计算机语言之间的文字和符号来描述算法的工具。它不用图形，比较紧凑，也比较好懂。

4）计算机语言

要完成一项工作，包括设计算法和实现算法两个部分。上面讲述了描述算法，即用不同的方法来表示操作的步骤。而要得到运算结果，就必须实现算法。计算机是无法识别流程图和伪码的，只有用计算机语言编写的程序才能被计算机执行，因此在用流程图或伪码描述一个算法后，还要将它转换成计算机语言程序。用计算机表示的算法是计算机能够执行的算法。用计算机语言表示算法必须严格遵循所用的语言的语法规则，这是它和伪码表示法不同的地方。

2.2.3　程序设计语言

为了把算法转变为计算机能够接受的形式输入计算机，需要一种能够准确表达编程思想的、能够被计算机所接受的、相当严谨、不具备二义性的表达方法，这就是计算机语言。

计算机语言是人们与计算机之间进行信息沟通的工具。它是一种计算机能够接受的信息，由一些表达符号（包括单词、符号、数字）和语法（规定这些表达符号的运用方式）组成，能准确地表示人们要求计算机进行的操作。

根据计算机语言和自然语言的接近程度，可将计算机语言分为机器语言、汇编语言、高级语言 3 种。

1. 机器语言

计算机不能识别与执行自然语言。计算机内部存储数据和指令采用的是二进制(0 和 1)。计算机只能接受和识别由 0 和 1 组成的二进制信息。每一种计算机都规定了二进制形式的指令。

例如,某种计算机规定:以 1011011000000000 作为加法指令,遇到这样的指令,计算机就执行一次加法操作;以 1011010100000000 作为减法指令,遇到这样的指令,计算机就执行一次减法操作。

这种计算机能直接识别和执行的二进制形式的指令称为机器指令。一条机器指令产生一个相应的机器操作。每一种计算机都规定了若干条指令(如加法指令、减法指令、传送指令、取数指令、存数指令、输出指令等),以实现不同的操作。一种计算机的指令的集合称为该计算机的机器语言。由机器指令组成的指令序列称为机器语言程序。

2. 汇编语言

为了克服机器语言的缺点,人们用一些容易记忆和辨别的英文单词或缩写符号代替机器指令,就产生了汇编语言。绝大多数的汇编语言指令和机器指令存在着直接的对应关系,所以汇编语言实际上是一种符号语言。

例如,汇编语言中以 MOV(MOVE 的缩写)代表数据传送,ADD 代表加等。这些符号含义明确,容易记忆,所以又称为助记符。机器不能识别用这些助记符编写的程序,为了解决这个问题,用一种叫作汇编程序的软件把汇编语言程序翻译成机器语言程序。汇编语言程序易读、易改,执行速度与机器语言程序相仿,比高级语言程序快得多,所以直到现在仍广泛应用于实时监控、实时处理等领域中。

3. 高级语言

汇编语言虽然比机器语言有所改善,但并未从根本上摆脱指令系统的束缚,它与指令仍然是一一对应的,而且与自然语言相距甚远,很不符合人们的习惯。

为了从根本上改变计算机的语言体系,人们通过长期实践,创造出了独立于机型、表达方式接近于被描述的问题、容易学习使用的高级语言。比较流行的传统高级语言有 BASIC、Pascal、FORTRAN、COBOL、C 等。随着面向对象的程序设计和可视化程序设计思想的出现,又出现了 Visual Basic、Visual C++ 、Java 等新型的高级语言。

高级语言又称算法语言,它是独立于机型、面向应用、实现算法的计算机语言。由于高级语言比较接近自然语言,当然就远离了机器语言。用高级语言编写的源程序必须由一个翻译程序把高级语言源程序翻译成计算机懂得的目标程序,这个翻译程序称为编译程序。每种高级语言都有自己的编译程序,相互不能代替。

2.3 程序的基本控制结构

不管程序多么复杂,设计出来的程序代码有多少行,都离不开以下 4 种基本结构:顺序结构、选择结构、循环结构、子程序调用,见图 2.1~图 2.4。

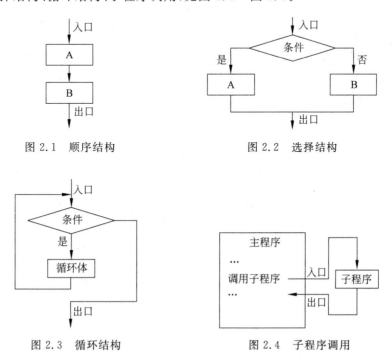

图 2.1 顺序结构   图 2.2 选择结构

图 2.3 循环结构   图 2.4 子程序调用

2.3.1 顺序结构

顺序结构是最简单的基本结构,它是按语句出现的先后顺序依次执行的,如图 2.1 所示,执行完 A 操作后,再执行 B 操作。

2.3.2 选择结构

选择结构又称分支结构,如图 2.2 所示。在这种结构中包含一个条件判定,根据条件是否成立而确定是执行 A 还是执行 B。

2.3.3 循环结构

循环结构又称重复结构。它在给定的条件成立的情况下重复执行某一程序段(称为循环体),直到条件不满足为止,如图 2.3 所示。

2.3.4 子程序调用

循环结构是在固定的位置重复执行某一程序段,而子程序调用是在不同位置重复执行某一程序段。可以把需要多次执行的程序编写为子程序,在主程序的不同位置调用该子程序,当子程序执行结束时,自动返回到主程序调用语句的下一语句继续执行主程序,如图2.4所示。使用子程序,可以方便地实现结构化程序设计,将程序按其功能分成若干模块,便于多人合作开发程序;同时,子程序具有一定的通用性,只要在调用子程序时向其提供一定的参数,子程序处理完毕后,将结果返回到主程序中。在C语言中子程序是以函数形式来实现的。

上述4种基本控制结构的共同特点是具有一个入口和一个出口。这一特点提高了程序的清晰度和易读性。

C语言的所有基本语句按照它们在运行时的结构可分为4种:顺序语句、选择语句、循环语句以及转向语句。在编写程序时,力求使用前3种基本结构语句,尽可能不用转向语句,因为转向语句会破坏程序结构中的单入口、单出口特性,从而影响程序的清晰度和易读性。

2.4 应用举例

例2.1 有10个学生,要求统计成绩高于80分的学生的人数,请用流程图表示。

分析:要将每一个学生的成绩与80比较,大于80的则让计数变量m加1,一直到10个学生都比较完为止。

算法流程图如图2.5所示。

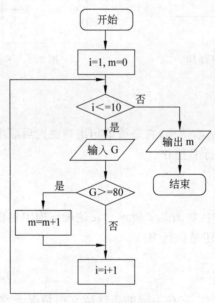

图2.5 例2.1程序流程图

例2.2 求两个整数之和。

分析:设3个变量,分别为a、b、sum,a和b用来存放两个整数,sum用来存放和。

```
#include <stdio.h>          /* 编译预处理命令 */
int main()                  /* 主函数 */
```

```
{                                  /* 函数开始 */
    int a,b,sum;                   /* 程序的声明部分,定义变量为整型 */
    a=23;                          /* 给变量 a 赋值 */
    b=43;                          /* 给变量 b 赋值 */
    sum=a+b;                       /* 对 a 和 b 求和,并把结果赋值给 sum */
    printf("sum is %d",sum);       /* 输出结果 */
    return 0;                      /* 使函数返回值为 0 */
}                                  /* 函数结束 */
```

2.5 习 题

1. 结构化程序设计有哪些特点?

2. 模块化程序设计的思想是什么? 有什么优点?

3. 面向对象的程序设计与结构化程序设计有什么区别?

4. 简述程序设计的过程。

5. 什么是算法? 算法有哪些特点?

6. 算法有几种表示方式? 最常用的是哪一种?

7. 表达式和表达式语句有什么区别?

8. 程序中的空语句有什么意义?

9. 什么是复合语句? 在什么情况下使用复合语句?

10. 设圆半径 $r=1.5$,圆柱高 $h=3$,求圆周长、圆面积、圆柱表面积、圆柱体积。输出计算结果,输出时要求有文字说明,结果保留两位小数。请编程实现。

11. 输入一个华氏温度 F,要求输出摄氏温度 C。两者的转换公式为

$$C = \frac{5}{9}(F-32)$$

输出时要有文字说明,结果保留两位小数。

CHAPTER 3

第**3**章 数据类型、运算符及表达式

数据类型是高级程序设计语言中最重要的概念之一。数据和运算符是程序的基本要素,数据是程序处理的对象,运算符是对数据进行处理的具体描述。在 C 语言中,凡是数据都必有类型,变量在使用之前必先进行类型说明,这是两条必须遵循的规则。

本章重点：掌握数据类型的说明与使用、常量与变量的表示方法、各种运算符的功能及其运算规则、表达式和语句的书写方法。

3.1 数据和数据类型

数据是程序的必要组成部分,也是程序的处理对象。数据有常量和变量之分,常量是指程序运行过程中其值保持不变的量,而变量则是指程序运行过程中其值可以改变的量。

每个数据对象,不管是常量还是变量,都必须有确定的类型,这是因为数据类型规定了一个数据的可能取值范围、在内存中的存储方式以及它所能进行的运算。对于常量来说,它的类型可以由常量本身隐含确定,这将在 3.2 节作详细介绍。对变量来说,它的类型就要用专门的类型说明语句加以说明。图 3.1 给出了 C 语言的各种数据类型。

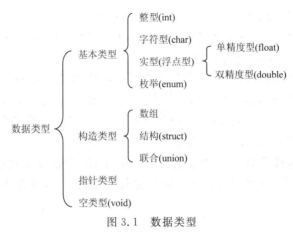

图 3.1　数据类型

本章介绍 C 语言的基本数据类型,其他类型留待后面章节讨论。

3.2　常　　量

C 语言中的常量有 3 类:数、字符和字符串。由于它们本身已隐含了数据类型,所以使用时不必事先进行类型说明,就可直接使用。

3.2.1　整型常量

整型常量又称整数,C 语言中整型常量可以用 3 种数制来表示:

(1) 十进制整数,用人们习惯的十进制整数形式给出,如 127、0、−12、+5 等,其每个数字位可以是 0~9。

(2) 八进制整数,是以 0(数字 0)开头的八进制数。例如,十进制数 127,用八进制表示为 0177。八进制数中的每个数字位只能使用数字 0~7。

(3) 十六进制整数,是以 0X(数字 0 与字母 X,X 大小写均可)开头的十六进制数。例如,十进制数 127,用十六进制表示为 0X7F。十六进制数的每个数字位可以是 0~9 和 A~F,其中 A~F 表示十进制数值 10~15。

在 C 语言中,整数的取值范围通常由机器的字长决定。例如字长为 16 位的计算机,一个整数用两个字节存储,因此十进制数的表示范围为 −32 768~32 767;如果是无符号整数,其表示范围为 0~65 535。若超过这个范围,C 语言提供了一种长整型,用来扩大整数的取值范围。长整型数是一般整数的两倍长(4B),其取值范围为 −2 147 483 648~2 147 483 647,无符号长整型数取值范围为 0~4 294 967 295。C 语言中,在整数的末尾加上字母 l 或 L,就成了长整数,如 128L、123456L。

十进制、八进制、十六进制常量用于不同场合。设计一般的应用程序时大多用十进制数;当设计系统程序时,有时要用八进制数或十六进制数。

3.2.2　实型常量

实型常量又称浮点数或实数。在 C 语言中,实数只使用十进制。它有两种表示形式,即小数形式和指数形式。

小数形式由数字、小数点和(可能的)正负号组成,例如 3.1416、−12.76、0.12、.12、12.、12.0 都是 C 语言合法的实数。

指数形式由尾数部分、字母 e 或 E 和指数部分组成。例如十进制数 320 000.0 用指数法可表示为 3.2e5,其中 3.2 称为尾数,5 为指数,e 也可用 E 表示。又如,−0.001 23 可表示为 −1.23E−3。需要注意,用指数形式表示实数,尾数部分不能为空,指数部分必须是整数。例如 e−5、7.2e2.5 都是不合法的实数。

在一般计算机系统中,一个实数在内存中占 4B,双精度实数占 8B。实数取值的绝对值范围约为 10^{-38}~10^{38},具有 6~7 位十进制有效数字,双精度实数具有 15~16 位十进制有效数字。

3.2.3　字符常量

　　C 语言中的字符常量是用一对单引号括起来的一个字符,例如'a'、' * '、'5'等都是合法的字符常量。

　　C 语言的一个字符常量占据一个字节的存储空间,在该字节中存放的并不是字符本身,而是该字符在所在机器中采用的编码,也就是一个整数值。大多数系统采用 ASCII 编码字符集,在这种情况下,'a'的 ASCII 编码值为 97,'0'的 ASCII 编码值为 48。由于字符常量存储的是一个整数,因此它可以像整数一样参加数值运算。在 C 程序中,字符常量通常用于字符之间的比较。

　　C 语言还使用一种特殊形式的字符常量,这就是以反斜线"\"开头的转义字符序列。转义字符常用来表示 ASCII 字符集内的控制代码。例如前面用\n 表示换行,\n 实际上是一个字符,它的 ASCII 编码值为 10。常见的转义字符如表 3.1 所示。

表 3.1　转义字符

转义字符	功　　能	转义字符	功　　能
\n	换行	\f	走纸换页
\t	横向跳格(即跳到下一个输出区)	\\	反斜线字符"\"
\v	竖向跳格	\'	单引号(撇号)字符
\b	退格	\ddd	1~3 位八进制数所代表的字符
\r	回车	\xhh	1 位或 2 位十六进制数所代表的字符

3.2.4　字符串常量

　　字符串是用双引号括起来的字符序列。例如"China"就是一个字符串。双引号仅作定界符使用,不属于字符串本身的内容。

　　C 语言中,字符串在内存中存储时,系统自动地在字符串的末尾增加一个 ASCII 编码值为 0 的字符,用以表示该字符串的结束。因此,长度为 n 个字符的字符串,实际上占据了 $n+1$ 个字节的存储空间。例如,字符串常量"CHINA"有 5 个字符,占据了 6B 的存储空间,其存储形式如图 3.2 所示。

　　实际上,图 3.2 中字母应当用对应的 ASCII 编码表示,这里为了方便,直接用字符表示。另外,不难理解字符'a'和字符串"a"的区别,它们除了表示形式上有别,在内存中的存储形式也是不同的,如图 3.3 所示。

C	H	I	N	A	\0

图 3.2　字符串常量"CHINA"的存储形式

a

(a) 'a'的存储表示

a	\0

(b) "a"的存储表示

图 3.3　字符与字符串的存储表示

3.2.5　符号常量

在 C 语言中,常量也可用一个标识符来命名,这就是符号常量。为了与一般变量相区分,符号常量习惯上用大写字母表示。符号常量在使用前必须先定义,其定义的一般形式为:

```
#define  符号常量名  常量
```

例如:

```
#define PI 3.1415926
```

定义了一个符号常量 PI,这样凡在程序中出现 PI,都表示 3.1415926。PI 是一个常量,在程序中只能被引用,不能被修改。

用符号常量代替常量,使程序更清晰易读,同时也更易修改,可以保证对常量修改的一致性。

最后要注意,定义符号常量的♯define 行不能以分号结束,这有别于一般的语句。关于♯define 的使用将在第 4 章中继续讨论。

3.3　变　　量

上面讨论的是常量,常量本身隐含着它的类型,所以在使用前无须作类型说明,就可直接引用。而变量是用标识符来表示的,在使用之前,必须进行类型说明。变量说明的一般形式是

```
类型名　变量名 1,变量名 2,…,变量名 n;
```

在 C 语言中,最基本的类型有整型、实型和字符型,相应的变量就有整型变量、实型变量和字符型变量。

3.3.1　整型变量

整型变量用来存放整型数据,用保留字 int 说明。例如:

```
int i,j,k;
```

说明了 i、j、k 3 个整型变量。

C 语言在 int 型的基础上,通过在 int 前加上修饰符,又扩展出一些新的整数类型。修饰符有 long(长型)、short(短型)、unsigned(无符号型)等。

整型变量加上修饰符后,其取值范围有所变化。以 16 位机为例,表 3.2 给出了各种整型变量的取值范围。

表 3.2　整型变量取值范围

数 据 类 型	类 型 符	所占位数	取 值 范 围
基本型	int	16	$-32\,768 \sim 32\,767$
短整型	short	16	$-32\,768 \sim 32\,767$
长整型	long	32	$-2\,147\,483\,648 \sim 2\,147\,483\,647$
无符号整型	unsigned	16	$0 \sim 65\,535$
无符号短整型	unsigned short	16	$0 \sim 65\,535$
无符号长整型	unsigned long	32	$0 \sim 4\,294\,967\,295$

3.3.2　实型变量

实型变量也称浮点型变量。按其能够表示的数的精度,又可分为单精度实型变量和双精度实型变量。

表 3.3 给出了上述两种实型变量的取值范围。

表 3.3　实型变量取值范围

数据类型	类型符	位数(字节)	有效位	取值范围
单精度实型	float	32(4)	$6 \sim 7$	$10^{-37} \sim 10^{38}$
双精度实型	double	64(8)	$15 \sim 16$	$10^{-307} \sim 10^{308}$

例如:

```
float f1,f2;
```

f1、f2 被说明为单精度实型变量。

```
double d1,d2;
```

d1、d2 被说明为双精度实型变量。

3.3.3　字符型变量

字符型变量用来存放一个字符,用保留字 char 说明。例如:

```
char c1,c2;
```

c1、c2 被说明为字符型变量。

一个字符型变量占据一个字节存储空间,只能存放一个字符。字符型变量存放的是字符的 ASCII 码,实质上是一个整数值,因此在 C 语言中字符型变量可以像整型变量一样使用。

例 3.1

```
#include <stdio.h>
```

```
void main()
{
    char c1,c2;
    c1=97;c2=98;
    printf("%c,%c\n",c1,c2);
    printf("%d,%d\n",c1,c2);
}
```

程序中 c1、c2 被说明为字符型变量,但在下一行却将整数 97、98 分别赋予 c1、c2。它们的作用就相当于下面两个赋值语句:

```
c1='a';c2='b';
```

因为'a'和'b'的 ASCII 码分别为 97 和 98。函数体中第 3 行输出两个字符,"%c"为输出字符格式,所以程序输出

```
a,b
```

字符型数据也可用整数形式输出,如第 4 行中%d 为输出整数格式,所以程序输出

```
97,98
```

3.4　赋值运算与算术运算

C 语言的运算符很多,运算范围很广。本节先介绍最常用的赋值运算与算术运算。

3.4.1　赋值运算

在 C 语言中,赋值也被认为是一种运算。由赋值运算符将一个变量和一个表达式连接起来的式子称为赋值表达式。其形式是

变量=表达式

式中=是赋值运算符。它的作用是将赋值运算符右边的表达式的值赋予左边的变量。例如,x=a+5 是一个赋值表达式,它将 a+5 的值赋予变量 x。

在赋值表达式中,赋值运算符右边的表达式又可以是一个赋值表达式。例如:

a=(b=10)

括号内的 b=10 是一个赋值表达式,它的值等于 10,因此 a=(b=10),相当于 a=10。

赋值运算符是按自右至左的顺序结合,因此 b=10 外面的括号可以不要,即可写成

a=b=10

需要注意的是,赋值运算符与数学中的等号概念不同,它表示把表达式的值送到变量所代表的存储单元中,因此赋值运算符左边只能是变量,而不能是常量或表达式。例如,5=a、a+b=c 都是不合法的。

注意：由于存在类型转换，写在一个表达式中的多个赋值运算的最终结果可能不是预期的结果。例如：

```
int i;
float f;
f=i=33.3;
```

首先把数值 33 赋予变量 i，然后把 33.0(而不是 33.3)赋予变量 f。

3.4.2　二元算术运算

1. 二元算术运算符

C 语言提供了 5 个二元算术运算符。二元运算是两个运算对象之间的运算。二元算术运算符及其功能见表 3.4(设运算量为 a 和 b)。

表 3.4　二元算术运算符及其功能

运算符	名称	功　　能
*	乘	求 a 与 b 的积
/	除	求 a 除以 b 的商
%	取余	求 a 除以 b 的余数
+	加	求 a 与 b 的和
—	减	求 a 与 b 的差

符号 * 表示乘，不能用数学上习惯用的×或·表示乘。例如，a * b 不能写成 ab、a×b 和 a·b。符号/表示除，当除数和被除数都是整型数时，其商也是整型数，例如 10/3 的结果为 3。符号%只能用于整型数，它的作用是取两个整型数相除的余数，例如 5%3 的结果为 2。

以上 * 、/、%、+、—都是二元运算符，即在它们参与运算时，左右各需要一个运算对象。而+、—既是二元运算符又是一元运算符，作一元运算时后面跟一个运算，—的结果是取运算量的负值，+的结果是运算量本身。

2. 算术表达式

C 的算术表达式由算术运算符、运算对象(常量、变量、函数等)和小括号组成，最简单的表达式是一个常量或一个变量。作为一般情况，一个表达式可以有多个运算符。例如：

```
-a/(b+5)-10%7 * 'c'
```

这时运算就有先后，这种先后次序称为运算符的优先级，例如，* 、/、%运算符的优先级高于+、—运算符的优先级(作为一元运算符，正负号运算符的优先级高于 * 、/)。C 语言还规定了运算符的结合性，所谓结合性是指当一个运算对象两侧运算符的优先级相同时进行运算的结合方向，C 语言中二元算术运算符的结合性为自左至右，即运算对象先与左边运算符结合。图 3.4 给出了 C 语言中基本算术运算符的优先级和结合性。

优先级高┃   －   求负从右向左结合

　　　　┃   */%   从左向右结合

优先级低▼   ＋－   加减从左向右结合

图 3.4   算术运算符的优先级和结合性

了解了算术运算符的优先级和结合性,再看看表达式的求值过程:

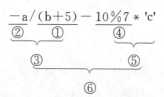

3.4.3   自加、自减运算

自加运算符＋＋和自减运算符－－是 C 语言特有的两个运算符,这两个运算符都只有一个运算对象,而且必须是整型或字符型变量,它们的作用是将变量加 1 或减 1 后,将运算结果再赋予该变量,见表 3.5 的说明。

表 3.5   自加、自减运算符

运算符	名称	运算功能
＋＋	加 1	a＋＋、＋＋a 等价于 a＝a＋1
－－	减 1	a－－、－－a 等价于 a＝a－1

下面详细介绍＋＋运算符(－－运算符与其类似)。

＋＋运算符可用在变量的前面,如＋＋a,也可以用在变量的后面,如 a＋＋。尽管＋＋a 与 a＋＋都是使 a 的值增 1,但它们的功能是有区别的:＋＋a 是在使用 a 的值之前就使 a 加 1,而 a＋＋则是在其值被用过之后再加 1。假定 a 的值为 9,那么语句

    x=a++;

置 x 的值为 9,而

    x=++a;

置 x 的值为 10,但以上两种情况 a 的值在运算后都为 10。显然对 a 来说,上述两个语句的运算结果是一致的,而对 x 来说就不同了。

需要强调的是,自加、自减运算符只能作用于变量,不能作用于常量或表达式,例如＋＋5、(i＋j)－－都是错误的。

合理地使用自加、自减运算符,对于编写高质量的 C 程序是很有用的,它们常用于数组下标的变化、循环语句中循环变量自加(自减)1 以及指针设置等。＋＋和－－的结合方向是自右至左。

3.4.4　复合赋值运算

在 C 语言中,除了基本的赋值运算符外,为了简化程序和提高编译效率,可以在赋值运算符之前加上其他运算符,以构成复合赋值运算符,见表 3.6 的说明。

表 3.6　复合赋值运算符

运算符	名　　称	运算功能
＋＝	加赋值	a＋＝b 等价于 a＝a＋b
－＝	减赋值	a－＝b 等价于 a＝a－b
＊＝	乘赋值	a＊＝b 等价于 a＝a＊b
/＝	除赋值	a/＝b 等价于 a＝a/b
％＝	取余赋值	a％＝b 等价于 a＝a％b

参加复合赋值运算的两个运算对象,先进行相应的运算,然后将其运算结果赋予第一个运算对象。例如:

a＋＝5	等价于	a＝a＋5
x＊＝y＋8	等价于	x＝x＊(y＋8)
m％＝3	等价于	m＝m％3

例如,a＋＝5 的作用是先使 a 加 5,再赋予 a;又如,x＊＝y＋8 的作用是使 x 乘以 y＋8 的结果,再赋予 x。

大多数的二元运算符都可以与赋值运算符一起组成复合赋值运算符,如＋＝、－＝、＊＝、/＝、％＝。

注意:在使用复合赋值运算符时,不要交换组成运算符的两个字符的位置。交换字符位置产生的表达式也许可以被编译器接受,但不会有预期的意义。例如,原打算写表达式 i＋＝j,但却写成了 i＝＋j,程序也能通过编译。但是,表达式 i＝＋j 等价于表达式 i＝(＋j),只是简单地把 j 的值赋予 i。

3.5　变量赋初始值

程序中常常需要对一些变量设置初始值。C 语言允许在对变量进行说明的同时为其赋初始值,例如:

```
int a=10;
```

它表示说明整型变量 a,同时将初始值 10 赋予它。同样,下面的赋初始值方式也是合法的:

```
char c='a';              /* 说明 c 为字符变量,初始值为 'a' */
float f=3.56;            /* 说明 f 为实型变量,初始值为 3.56 */
```

```
float x=2*3.14;          /*初始值可以是常量,也可以是常量表达式*/
```

下面的语句为 a、b、c 3 个整型变量都赋初始值:

```
int a=3,b=4,c=5
```

也可以对其中一部分变量赋初始值,例如:

```
float x,y,z=2.5;
```

它表示 x、y、z 都是实型变量,同时只对变量 z 赋予初始值 2.5。

3.6　类型转换

如果一个运算符两边的运算对象的类型不同,要先将它们转换成相同的类型,然后才能进行运算。

前面已经谈到,字符型数据是以系统中所使用的字符集编码形式存储的,它的存储形式与整型数据相似,因此 C 语言允许字符型数据和整型数据可以混合运算。除此之外,不同类型的数据在进行赋值和混合运算时都需要进行类型转换。这种类型转换有两种方式:一种是自动类型转换,另一种是强制类型转换。

3.6.1　自动类型转换

1. 赋值中的类型转换

当赋值运算符两边的运算对象类型不同时,要进行自动类型转换,转换的规则如下:

(1)把赋值运算符右边表达式的类型转换为左边变量的类型。

(2)当将实型数(包括单、双精度)赋予整型变量时,舍弃实型数的小数部分。例如:i 为整型变量,执行 i=4.52 的结果是 i 的值为 4。

(3)当将整型数赋予实型变量时,数值不变,但以实型数形式存放到实型变量中。

2. 混合运算中的类型转换

由于 C 语言允许整型、实型和字符型变量进行混合运算,所以下面的表达式是合法的:

```
10+'a'+5.6*3
```

运算时,C 语言编译系统自动将运算符两边的运算对象转换成同一类型。转换的规则如下:

(1)float 类型必须转换成 double 类型,char、short 类型必须转换为 int 类型。

(2)参加运算的各种变量都转换为它们中数据长度最长的数据类型。各种数据类型的数据长度的比较如下所示(<表示"短于"):

$$char<int<long<float<double$$

上面的数据类型从左到右数据长度增加,所以左边数据类型可以向右边转换。例如,

char、int、float 和 double 变量进行运算时都将转换成 double 类型。

3.6.2　强制类型转换

上面的类型转换是由编译系统自动进行的。C 语言还提供了强制类型转换的机制。

强制类型转换的一般形式如下：

(类型名)表达式

其作用是把表达式的值转换为类型名指定的类型。例如,(float)a/b 是将 a 强制转换成 float 型后,再进行运算;(char)(12.3+55) 把 67.3 转换成 char 型,该表达式的值为'c'.

需要注意的是,无论是自动还是强制实现的类型转换,都仅仅是对变量或表达式的类型进行临时性的转换,并未改变原来的变量或表达式的类型。

3.7　表　达　式

3.7.1　表达式求值

表 3.7 总结了目前为止讲到的运算符,第一列是运算符的优先级,最后一列是运算符的结合性。

表 3.7　部分 C 语言运算符表

优先级	类型名称	符号	结合性
1	(后缀)自增 (后缀)自减	++ －－	左结合
2	(前缀)自增 (前缀)自减 一元正号 一元负号	++ －－ + －	右结合
3	乘法类	*　/　%	
4	加法类	+　－	
5	赋值	＝　*＝　/＝　%＝　+＝　－＝	

表 3.7 用途很广泛。先看其中一种用途。假设我们读程序时,遇到如下的复杂表达式：

$$a＝b+＝c++－d+－－e/－f$$

乍一看,表达式很复杂,无从下手,但如果为表达式添加括号,那么这个复杂的表达式就比较容易理解了。借助表 3.7,为表达式添加括号非常简单：检查表达式,找到最高优先级的运算符后,用括号把运算符和运算对象括起来,表明括号内的内容将被看成是一个单独的运算对象。重复此操作,直到将表达式完全加上括号为止。

在此例中,用作后缀运算符的++具有最高优先级,所以为后缀++和相关运算对象加上括号：

$$a = b + = (c + +) - d + - - e / - f$$

此表达式中有前缀运算符 $--$ 和一元负号运算符 $-$（优先级都为 2），分别为它们和相关运算对象加上括号：

$$a = b + = (c + +) - d + (- - e) / (- f)$$

接下来，注意到运算符 $/$（优先级为 3），为它和两侧的运算对象加上括号：

$$a = b + = (c + +) - d + ((- - e) / (- f))$$

此表达式中包含了两个优先级为 4 的运算符：$-$ 和 $+$。当两个具有相同优先级的运算符和同一个操作数相邻时，需要注意结合性。在此例中，$-$ 运算符和 $+$ 运算符都和 d 相邻，所以应用结合性规则。$-$ 运算符和 $+$ 运算符都是自左向右结合，所以先为减号和相关运算对象加上括号，再为加号和相关运算对象加上括号：

$$a = b + = ((c + +) - d) + ((- - e) / (- f))$$

最后剩下运算符 $=$ 和 $+=$，都和操作数 b 相邻，它们是优先级为 5 的运算符，结合性是从右向左结合，所以先为 $+=$ 和相关运算对象加上括号，后进行 $=$ 运算：

$$(a = (b + = (((c + +) - d) + ((- - e) / (- f)))))$$

现在这个表达式的运算顺序一目了然。

在表达式中，既在某处访问变量的值，又在别处修改它的值是不可取的。请思考下面的例子：

```
a=5;
c=(b=a+2)-(a=1);
```

第二条语句的执行是未定义的，C 标准没有做规定。C 的值可能是 6，也可能是 2。如果先计算表达式(b=a+2)，那么 b 的值为 7，而 c 的值为 6。但是，如果先计算(a=1)，b 的值为 3，c 的值为 2。

由于表达式(b=a+2)-(a=1)既访问了 a 的值，又通过赋值 a=1 修改了 a 的值，所以有些编译器会产生一条类似"operation on 'a' may be undefined"的警告消息。

为了避免出现此类问题，解决方法就是不在子表达式中使用赋值运算符。例如，上述语句可以改写成如下形式：

```
a=5;
b=a+2;
a=1;
c=b-a;
```

执行结果为 c=6。

除了赋值运算符以外，自增和自减运算符也可以改变操作数。使用这些运算符时，要注意不要依赖特定的计算顺序。在下面的例子中，j 有两个可能的值：

```
i=2;
j=i*i++;
```

有人认为 j 的值为 4（两个 i 先相乘后赋值给 j，再自增）。但是，该语句是未定义的，

j 也可能值为 6(i 先自增,再将两个 i 相乘,最后赋值给 j)。

注意:根据 C 语言标准,类似 c＝(b＝a＋2)－(a＝1);和 j＝i＊i＋＋;这样的语句都会导致未定义的行为。当程序中出现未定义的行为时,后果是不可预料的。不同的编译器给出的编译结果可能不同。更严重的是有可能发生以下情况:程序无法通过编译,即使通过编译也无法运行,即使可以运行也有可能崩溃、不稳定或产生无意义的结果。换句话说,应该极力避免未定义行为的发生。

3.7.2　表达式语句

C 语言中任何表达式都可以用作语句。即不论表达式是什么类型,计算结果是什么,都可以通过在表达式后面添加分号的方式将其转换成语句。例如,表达式 i＋＋转换成语句 i＋＋;,执行结果是:i 先进行自增,而表达式 i＋＋的值将被丢弃。

思考下面 3 个例子:

(1) i＝1;,此表达式语句完成了将 1 赋予 i 的操作,即 i 中存储了 1。

(2) i－－;,此表达式语句先取出 i 的值,但是没有使用,再完成 i 自减。

(3) i＊j－1;,此表达式语句计算出 i＊j－1 的值,没有使用,直接丢掉,i 和 j 的值都没有变化,所以此语句没有任何作用。

注意:输入时的误操作很容易造成什么也不做的表达式语句。例如,本想输入 i＝j;,但是却错误地输入了 i＋j;。因为＋和＝两个字符在键盘的同一个键上,所以这种错误发生的频率可能会很高。某些编译器可能会检查出无意义的表达式语句,显示类似"statement with no effect"的警告。

3.8　位　运　算

C 语言提供了位运算和位段机制,能够以计算机中最基本的存储单位——位(bit)作为处理对象,从而实现低级语言的某些功能,这是 C 语言区别于其他高级语言的重要特点之一。

位运算是指对二进制位的运算,它的运算对象不是一个数据,而是构成一个数据的二进制位。图 3.5 表示了一个整型数据的二进制位结构,它由 16 个二进制位组成,每一位可以取值 0 或 1,最右边的二进制位称第 0 位,最左边的为最高位。8 个二进制位构成一个字节,一个整型数据为两个字节,右边的字节称为低位字节,左边的为高位字节。

图 3.5　一个整数的二进制位

C 语言提供了 6 种位运算符,如表 3.8 所示。除了～是单目运算符之外,其他都是双目运算符。

表 3.8   位运算符

运算符	名称	例子
&	按位与	b&c(b 和 c 按位与)
|	按位或	b|c(b 和 c 按位或)
∧	按位异或	b∧c(b 和 c 按位异或)
~	按位取反	~a(a 按位取反)
<<	左移	b<<3(b 左移 3 位)
>>	右移	c>>2(c 右移 2 位)

位运算要求运算对象只能是整型或字符型数据,不能是实型数据。

3.8.1 按位与运算

按位与的运算规则是:参加运算的两个量,如果对应的二进制位都为 1,则结果的对应位为 1,否则为 0,即

$$0\&0==0,0\&1==0,1\&0==0,1\&1==1$$

例如,a 和 b 为整数,分别为 0x03 和 0x05,a&b 的运算如下:

$$
\begin{array}{rl}
00000011 & \text{a} \\
\&\ \underline{00000101} & \text{b} \\
00000001 & \text{c}
\end{array}
$$

结果 c 为 0x01。

按位与运算有以下用途:

(1) 取一个位串的某几位。设计一个常量,该常量只有需要的位是 1,不需要的位是 0,用它与指定的位串信息按位与,就能取得位串信息的某几位信息。例如,欲取整型量 n 的低 3 位,则可用按位与来求得:

```
n=n&0x07;
```

(2) 将一位串中的某些位清零。取一个常量,该常量只有某些位为 0,其他位为 1,再用它与指定的位串按位与,就能将该位串中的某些位清零。例如,c 是一个字符型变量,欲将第 2 位清零,可用如下运算实现:

```
c=c&0xfb;
```

3.8.2 按位或运算

按位或的运算规则是:参加运算的两个量,对应位上只要有一个为 1,该位的结果值就为 1,只有两个值都是 0 时才为 0,即

$$0|0==0,0|1==1,1|0==1,1|1==1$$

例如,上述 a、b 两个整数进行 a|b 运算:

$$
\begin{array}{r}
00000011 \quad a \\
| \quad 00000101 \quad b \\
\hline
00000111 \quad c
\end{array}
$$

其结果值 c 为 0x07。

按位或运算通常用于对一个位串信息的某些位置 1,而其余位不发生变化。例如,欲将整型量 n 的最低 3 位置 1,则可进行如下运算:

n=n|0x07;

3.8.3　按位异或运算

按位异或的运算规则是:如果两个运算量对应位不同,则该位的结果值为 1,否则为 0,即

$$0 \wedge 0==0, 0 \wedge 1==1, 1 \wedge 0==1, 1 \wedge 1==0$$

例如,上述 a、b 进行 a∧b 运算:

$$
\begin{array}{r}
00000011 \quad a \\
\wedge \quad 00000101 \quad b \\
\hline
00000110 \quad c
\end{array}
$$

其结果值为 0x06。

按位异或运算有如下一些应用:

(1) 可将一位串信息的某些位取反,即 0 变 1,1 变 0。例如,欲将整型量 n 的第 6 位取反,则可采用如下运算:

n=n∧0x40;

(2) 同一位串异或运算后结果为 0。例如,为使变量 n 清零,可以采用异或运算:

n=n∧n;

其结果使 n 为 0。

(3) 任何一个值与任何其他值连续做两次异或运算,结果都恢复为原来的值。即,$(m \wedge n) \wedge n$ 的运算结果为 m。例如,m＝0x03,n＝0x05,则 m∧n＝0x06,而 0x6∧n＝0x03。异或的这种性质常被用于对处理过的数据进行还原。

3.8.4　按位取反运算

按位取反运算符是单目运算符,它的运算规则是:将运算量中的各位的值取反,即将 1 变为 0,0 变为 1。

例如 a＝0x15,则～a 运算为

$$
\begin{array}{r}
\sim \quad 00010101 \quad a \\
\hline
11101010 \quad \sim a
\end{array}
$$

即～a 的值为 0xEA。

3.8.5　左移运算

左移运算符用<<表示,需要两个运算量,运算符左面的运算量是要移位的对象,右面的值是要移动的位数。左移运算的规则是:将运算对象中的各个二进制位向左移动若干位,从左边移出的高位部分自动丢失,右边空出的低位部分补 0。

例如,若 a＝0x08,则

a=a<<2;

表示将 a 中的二进制位都左移两位后存入 a 中。由于 a 的值为 0x08,二进制表示为00001000,左移两位后,a 值变为 00100000,即 0x20。

在进行左移运算时,如移出的高位部分不含 1,则左移 1 位相当于乘以 2。上例中 a 的原值为 8,左移 2 位后 a 就变为 32,相当于乘以 4。由于移位操作比乘法运算快得多,有些 C 编译程序就把乘以 2 的运算转换为左移运算。

3.8.6　右移运算

右移运算符用>>表示,与左移类似,需要两个运算量,运算符左面的为要移位的对象,右面的值为要移动的位数。右移运算的规则是:将运算对象的各个二进制位右移若干位,从右边移出的低位部分自动丢失,而左边空出的高位部分则与符号有关。如果是无符号数,则高位补 0。如果是有符号数,对于正数,则空出的高位补 0,而当数为负(最高位为 1)时,空出的高位部分补 0 还是补 1 则取决于具体的计算机系统。

例如,若 a＝0x08,则

a=a>>2;

表示将 a 中的二进制位都右移两位,然后存入 a 中。由于 a 的值为 0x08,二进制表示为00001000,右移两位后,a 值变为 00000010,即 a 的值为 0x02。

在进行右移运算时,如移出的低位部分不含 1,则右移 1 位相当于除以 2。上例中 a 的原值为 8,右移 2 位后,其值变为 2。同样,移位操作比除法运算要快,故实际应用中常用右移运算来进行除以 2 的操作。

3.9　习　　题

1. 在 C 语言中,整型变量可以分为基本型、_____、长整型和_____ 4 种。

2. 在 C 语言中,表示一个实数的两种形式为_____和_____。

3. 在 C 语言中,a、'a'、"a"三者有什么区别?

4. 已知字符的 ASCII 值为 0X7F,用转义序列方法表示为 _____,该字符是_____。

5. 定义两个整型变量 x 和 y,并为其赋初始值 10 和 20。

6. 判断下列表达式的合法性。

　　(1) meles_int＋＝765＋43

(2) xy++=3

(3) a * b+(float)x%5

(4) a+5=b+7

7. 已知:int a=5,b=25,x=5;,写出表达式(1)、(2)的值和表达式(3)～(7)经运算后 x 的值。

(1) a+b%5 * (int)(a+b)%2/5

(2) (float)(a+3) /2+(int)a%(int)b

(3) x+=a

(4) x * =5+3

(5) x%=(x%=3)

(6) x/=x+x

(7) x-=x+=x * =x

8. 分析下列程序,并给出运行结果。

(1)
```c
#include <stdio.h>
void main()
{
    int x=20,z;
    z=++x;
    z+=x;
    printf("z1=%d\n",z);
    z=x--;
    z+=x;
    printf("z2=%d\n",z);
}
```

(2)
```c
#include <stdio.h>
void main()
{
    int x=66;
    char y='7',z='6';
    printf("%d\t%d\t%d\n",x,y,z);
    printf("%o\t%x\t%c\n",y,z,x);
    printf("%d\t%c\t%d\n",y+1,y-1,x+y);
}
```

9. 编写程序,输入 3 个人的身高,计算并输出他们的平均身高(身高以米为单位)。

10. 编写程序,输入两个实型数,计算并输出它们的和、差、积、商。

11. 编写程序,对一个 16 位的二进制数分别取出它的奇数位、偶数位、高 8 位和低 8 位。

12. 编写程序,输入一个数的原码,输出该数的补码。

第4章 顺序结构程序设计

顺序结构是最简单的程序结构,它通常由声明语句、表达式语句、函数调用语句和输入输出语句组成,是一种按程序的书写顺序依次执行的结构。

4.1 编译预处理

编译预处理是 C 语言区别于其他高级语言的又一重要特征。编译预处理是指在对源程序进行正常编译之前,先对源程序中一些特殊的预处理命令做出处理,产生一个新的源程序,然后再对新的源程序进行正常的编译。

在此只介绍经常使用的宏定义命令和文件包含命令,其他命令在使用时可以查阅有关手册和资料。

在源程序中,为区别于一般的 C 语句,所有预处理命令行都以 ♯ 开头。

4.1.1 宏定义

宏定义命令是将一个标识符定义为一个字符串,在编译之前将程序中出现的该标识符用字符串替换,所以又称宏替换。

宏定义的一般形式为

```
#define  标识符  字符串
```

其中,♯define 是宏定义命令,标识符又称宏名。宏定义的作用是用一个简单的标识符(宏名)来代替一个字符串。例如第 3 章已经介绍过的字符常量:

```
#define PI 3.1415926
```

其含义是用标识符 PI 来代替 3.1415926 这个字符串。在程序中出现的都是宏名 PI。在编译预处理时,将程序中所有的 PI 都用 3.1415926 来替换。又如:

```
#define TRUE 1
#define FALSE 0
#define EPS 1.0e-5
#define FORMAT "%d%s%f\n"
```

可见,宏定义可以用来简化程序书写,即用一个简单的宏名代替一个较复杂的字符串,同时还可提高程序的可读性和减少书写中的错误。使用宏定义也便于程序的修改。例如,在程序中多次出现 PI,如果要修改 PI 的值,只需在宏定义中修改一次就可以了。另外,采用宏定义也给移植工作带来了方便。

需要注意的是,编译预处理命令的结尾不应如分号,如宏定义末尾加了分号,则该分号一起被替换。例如:

```
#define PI 3.1415926;
```

则赋值语句

```
circle=2 * PI * r;
```

经宏展开(替换)后就变为

```
circle=2 * 3.1415926; * r;
```

系统在预处理时不指出错误,到编译阶段才指出错误。

4.1.2 文件包含

文件包含是 C 程序中常用的编译预处理命令。文件包含是指一个源文件可以将另一个指定的源文件的内容包含进来。文件包含命令的一般形式有如下两种:

```
#include <文件名>
```

或

```
#include <文件名>
```

其中♯include 为包含命令,文件名是被包含文件的全名。

编译预处理程序在处理文件包含命令时,将它所指定的被包含文件的内容嵌入到该命令的位置,其过程如图 4.1 所示。

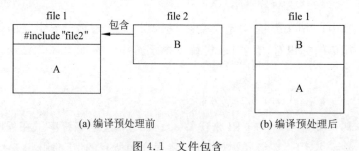

(a) 编译预处理前   (b) 编译预处理后

图 4.1 文件包含

图 4.1(a)中的 file1 文件开头含有以下命令：

```
#include "file2"
```

在编译时,预处理程序找到文件 file2,然后将其内容 B 嵌入到该命令的位置。编译预处理后 file1 的情况如图 4.1(b)所示。

　　被包含文件通常放在文件开头,因此常称头文件,一般用". h"作扩展名(h 是 head 的缩写)。C 编译系统提供了许多头文件,在使用标准库函数进行程序设计时,需要在源程序中包含相应的头文件,因为这些头文件中含有一些公用性的常量定义、函数说明及数据结构等。例如,在使用标准库函数进行输入输出操作时,一般应该用包含命令

```
#include <stdio.h>
```

把 stdio. h 文件包含进来,因为 stdio. h 文件中含有标准输入输出库函数所需的常量定义及函数说明等信息。不同类的库函数有不同的头文件。例如使用标准数学函数,应采用

```
#include <math.h>
```

把标准数学库函数的头文件 math. h 包含进来。如果要使用字符串处理函数,就应采用

```
#include <string.h>
```

把字符串处理库函数的头文件 string. h 包含进来。

　　被包含文件可以是如上所述的由 C 编译系统提供的标准头文件,也可以是用户自己定义的程序、数据等文件,其扩展名不一定是". h",也可以是其他扩展名,如". c"等。

　　文件包含也是模块化程序设计的一种手段。设计程序时,可以把一批具有公用性的宏定义、数据结构及函数说明单独组成一个头文件,其他程序文件凡要用到头文件中的定义或说明,就用文件包含命令把它包含进来,这样做可使一个大程序的各个文件使用统一的数据结构和常量,能保证程序的一致性,减少错误,也便于修改程序,减少其他文件重复定义的工作量。

　　在使用文件包含时应注意以下几个问题：

　　(1) 一个♯include 命令一次只能包含一个文件。若想包含多个文件,需要用多个♯include 命令。

　　(2) 文件包含可以嵌套,即被包含的文件中还可以使用♯include 命令。

　　(3) 被包含文件应是源文件,而不是目标文件。

　　(4) ♯include 命令一般放在文件的开头,因为被包含文件中往往有许多被定义或说明的量。

　　(5) 当被包含文件中的内容发生了变化时,包含该文件的所有源文件都要重新进行编译处理。

4.2　字符输入输出函数

字符输入输出函数是以字符为单位完成输入输出过程的函数。

4.2.1 字符输入函数 getchar

getchar 函数的功能是从标准输入设备(通常是键盘)上输入一个字符。当程序执行到 getchar 函数时,将等待用户从键盘上输入一个字符,并将这个字符作为函数结果值返回。调用 getchar 函数的一般形式如下:

```
getchar();
```

通常把输入的字符赋予一个变量,构成一个赋值语句,例如:

```
char c;
c=getchar();           /* 变量 c 得到了输入的字符 */
```

需要注意的是,getchar 函数只能接收单个字符,输入的数字也按字符处理。当输入字符多于一个时,只接收第一个字符。

例 4.1 getchar 函数的功能演示。

```
#include <stdio.h>
void main()
{
    char c;
    c=getchar();
    printf("%c\n",c);
}
```

例如,程序运行时,从键盘输入字符 a:

```
a<CR>      (输入 a 后,按回车键)
a          (输出变量 c 的值 a)
```

4.2.2 字符输出函数 putchar

putchar 函数的功能是向标准输出设备(通常是显示屏)输出一个字符。调用 putchar 函数的一般形式如下:

```
putchar(字符);
```

程序执行该语句时,将字符输出到显示屏当前光标的位置上。

例 4.2 从键盘上输入一个字符,并在显示屏上输出。

```
#include <stdio.h>
void main()
{
    char c;
    c=getchar();
    putchar(c);
}
```

putchar 函数可以用来输出字符变量的值,也可用来直接输出一个字符常量,例如:

```
putchar('a');
```

将在显示屏上输出字符 a。还可以输出一些特殊字符(控制字符),例如:

```
putchar('\n');
```

它的作用是输出一个换行符。

例 4.3　putchar 函数的功能演示。

```
#include <stdio.h>
void main()
{
    char a,b;
    a='m';b='n';
    putchar(a);
    putchar('\n');
    putchar(b);
}
```

运行结果:

```
m
n
```

最后请注意,在使用 getchar 和 putchar 之前不要忘记在程序的前面写上

```
include <stdio.h>
```

4.3　格式输入输出函数

字符输入输出函数只能一次输入或输出一个字符,不能输入或输出其他类型的数据。格式输入输出函数是具有格式控制的函数,它们可以用来输入或输出 C 语言的标准类型的数据,而且可以同时输入或输出多个相同类型或不同类型的数据。

4.3.1　格式输入函数 scanf

函数 scanf 的作用是从标准输入设备(通常指键盘)读入数据,按指定的格式把它们送到相应的数据存储地址中。调用 scanf 函数的一般形式如下:

```
scanf("格式控制字符串",地址表);
```

格式控制字符串的含义同 printf 函数,不同的是,在 scanf 函数中不能使用普通字符来提示信息,例如,scanf("a=%d",&a)是错误的,正确的形式是 scanf("%d",&a)。地址表是由若干变量的地址组成的,它们之间用逗号隔开。在 C 语言中,变量的地址可由取地址运算符 & 得到,例如变量 a 的地址可写为 &a。

例 4.4　scanf 输入示例。

```
#include <stdio.h>
void main()
{
    int i;
    float f;
    char c;
    scanf("%d%f%c\n",&i,&f,&c);
    printf("%d,%f,%c\n",i,f,c);
}
```

运行时输入

```
3 4a
```

结果如下：

```
3,4.000000,a
```

上面的程序执行到 scanf 函数时，等待用户从键盘上输入一个整数、一个实数和一个字符后，才能继续执行。

使用 scanf 函数时应注意以下几点：

（1）格式控制字符串中的每个格式说明都必须与地址表中的一个变量地址对应，类型应一致。例如，在例 4.4 中，%d 与 &i 对应，%f 与 &f 对应，%c 与 &c 对应。

（2）当格式说明之间没有任何字符时，输入数据之间用一个或多个空格、制表符或回车键分开。例如：

```
scanf("%d%d%d",&a,&b,&c);
```

可用以下方式输入 a、b、c 的值：

① 3 4 5

② 3

　4 5

③ 3<Tab>4

　5

若格式说明之间含其他字符，则输入数据时应输入这些字符作为间隔符。例如：

```
scanf("%d,%f",&i,&f);
```

输入数据时，应采用如下方式：

```
18,2.5
```

在输入字符型数据时，空格也作为有效字符输入，因此不作为间隔符使用，只要直接输入多个字符就可以了。

（3）可以在格式说明符的前面指定输入数据的长度，系统将自动按此长度截取所需

的数据,例如:

```
scanf("%2d%3d",&a,&b);
```

当用户输入 12345 时,系统自动地把 12 赋予 a,将 345 赋予 b。

　　(4) %后面如有 ∗ ,表示本输入项在读入后不赋予任何变量。例如:

```
scanf("%d%*d%d",&a,&b);
```

输入数据如下:

```
11 22 33
```

系统自动地将 11 赋予 a,将 33 赋予 b。第 2 个数据 22 虽被读入,但不赋予任何变量。

　　(5) 输入数据时不能规定精度。例如:

```
scanf("%7.2f",&a);
```

是不合法的。

　　对初学者来说,应特别注意的是,scanf 函数中的地址表应当是变量的地址,而不是变量名。如果使用变量名,一般在编译时是检查不出来的,但当程序执行时就会出问题。

　　注意:如果 scanf 函数调用中忘记在变量前加符号 &,将会产生不可预知且可能是极其严重的结果。程序崩溃是常见的结果。忽略符号 & 是常见的错误,一定要小心! 一些编译器可能检测出这类错误,并发出一条类似"format argument is not a pointer"的警告信息,若看到此类警告信息,应检查是否丢了符号 &。

4.3.2　格式输出函数 printf

　　printf 函数在前面例子中已经多次使用,这里详细介绍它的使用方法。printf 函数的作用是将输出项按指定的格式输出到标准输出设备上(通常是显示屏)。调用 printf 函数的一般形式如下:

```
printf("格式控制字符串",输出表);
```

例如:

```
int i=10;
float f=2.5;
Printf("I=%d,F=%f\n",i,f);
```

1. 格式控制字符串

　　格式控制字符串通常是由一对双引号括起来的字符串常量。它包括格式说明和普通字符两方面的内容。

　　1) 格式说明

　　格式说明由字符 % 和格式符组成,如 %d、%f、%c 等,它们规定了输出项的输出格式。常用的格式说明中的格式符及含义归纳于表 4.1。

表 4.1　printf 函数的格式符及其含义

格式符	含　　义
d	以带符号的十进制形式输出整数(正数不输出符号)
o	以无符号八进制形式输出整数(不输出前导符 0)
x	以无符号十六进制形式输出整数(不输出前导符 0x)
u	以无符号十进制形式输出整数
c	以字符形式输出,只输出一个字符
s	输出字符串
f	以小数形式输出单、双精度数,隐含输出 6 位小数
e	以标准指数形式输出单、双精度数,数字部分的小数位数为 6 位
g	选用%f 或%e 格式中输出宽度较短的一种格式,不输出无意义的 0

2) 普通字符

格式控制字符串中的普通字符是需要按原样输出的字符,可起提示作用。

2. 输出表

输出表是需要输出的一些数据项,可以是常量、变量或表达式,这些数据项应当与格式控制字符串中的格式说明一一对应。如果输出表中有多个数据项,则它们之间应当用逗号隔开。图 4.2 是 printf 函数的参数示例。

图 4.2 的示例中,i 的值为 10,f 的值为 2.5,则语句输出结果为

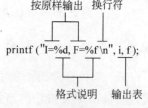

图 4.2　printf 函数的参数示例

I=10,F=2.500000

在使用 printf 函数时应注意:

(1) 格式控制字符串中的每一个格式说明都必须与输出表中某一数据项相对应,即它们的个数应相等,类型应一致。例如上述语句中的%d 与 i 对应,%f 与 f 对应。

(2) 格式控制字符串中除了格式说明之外的字符都为普通字符,均应按原样输出,例如上述语句中的 I=、F=。

(3) 在格式控制字符串内可以包含转义字符,如\n、\t、\b 等。

3. 常用格式字符的用法

1) d 格式符

d 格式符指定以十进制形式输出整数。

(1) %d,按整型数据的实际长度输出。

(2) %md,m 为整数,按 m 指定的宽度输出。若数据的实际长度小于 m,输出时向右对齐,左端补以空格;若大于 m,则按实际长度输出。例如:

```
printf("%d,%4d,%4d",a,b,c);
```

若 a＝12,b＝123,C＝12345,则输出结果为

```
12, 123,12345
```

（3）%ld,输出长整型数据。例如:

```
long a=123456;
printf("%ld",a);
```

因为 a 的取值范围超出了整型数据的取值范围,若用%d 输出就会发生错误。对长整型数也可指定宽度。例如,将上面 printf 函数中的%ld 改为%8ld,则输出为

```
  123456
```

即数字前面有两个占位空格。

在大多数系统中,int 型数据用%d 或%ld 格式输出皆可。

2) c 格式符

c 格式符用来输出一个字符。

在格式说明%mc 中,m 为指定输出的宽度。若 m 大于 1,则输出时向右对齐,左边补以空格。一个整数,只要它的值在 0～255 范围内,也可用字符形式输出;反之,一个字符数据也能用整型格式输出。

注意:C 语言编译器不会检测格式串中转换说明的数量是否和输出项的数量相匹配。下面的 printf 函数调用所给出的转换说明的数量就多于要显示的值的数量:

```
printf("%d %d\n",i); /***WRONG***/
```

printf 函数将正确显示变量 i 的值,接着显示另一个(无意义的)整数值。函数调用带有太少的转换说明也会出现类似的问题。

```
printf("%d\n", i,j);/***WRONG***/
```

在这种情况下,printf 函数会显示变量 i 的值,但是不显示变量 j 的值。

此外,C 语言编译器也不检测转换说明是否适合要显示项的数据类型。如果程序员使用不正确的转换说明,程序将会产生无意义的输出。

思考下面的例子,其中将 int 型变量 i 和 float 型变量 x 的顺序放错了:

```
printf("%f %d\n",i,x); /***WRONG***/
```

因为 printf 函数必须服从格式说明,所以它将如实地显示一个 float 型值,接着是一个 int 型值,但这两个值都是无意义的。

例 4.5　c 格式符的输出。

```
#include <stdio.h>
void main()
{
    char c='a';
```

```
    int n=98;
    printf("%c%4d%4c%4d",c,c,n,n);
}
```

运行结果：

```
a  97  b  98
```

3) s 格式符

s 格式符用来输出一个字符串。

(1) %s,按字符串的原样输出。

(2) %ms,输出指定宽度为 m 的字符串。若实际字符串长大于 m,则按实际字符串长输出;若实际字符串长小于 m,输出时字符串向右对齐,左端补以空格。

(3) %-ms,m 的意义同上。如实际字符串长度小于 m,则字符串向左对齐,右端补以空格。

(4) %m.ns,输出指定宽度为 m,从要输出的字符串左端取出 n 个字符输出。若 n 小于 m,则左边补足空格;若 n 大于 m,按 n 个字符输出。%-m.ns 与%m.ns 类似,不同的是当 n<m 时前一种格式右端补足空格。

例 4.6 s 格式符的输出。

```
#include <stdio.h>
void main()
{
    char * a;        /* *a 为定义字符串指针变量,将在第 9 章介绍 */
    a="China";
    printf("%s\n",a);
    printf("%3s\n",a);
    printf("%7s\n",a);
    printf("%-7s\n",a);
    printf("%7.2s\n",a);
}
```

运行结果：

```
China
China
  China
China
Ch
```

4) f 格式符

f 格式符用来输出实型数,以小数形式输出。

(1) %f,按系统规定的格式输出实型数,使整数部分全部输出,小数部分取 6 位。应当注意,并非全部数字都是有效数字,单精度实型数有效位为 7 位,双精度实型数有效位为 16 位。

(2) %m. nf(或%－m. nf),指定宽度为 m(包含小数点),保留 n 位小数。若实际长度小于 m,则左端补足空格,数字向右对齐(对于%－m. nf,则右端补空格,数字向左对齐);若实际长度大于 m,则按实际长度输出。

例 4.7　f 格式符的输出。

```
#include <stdio.h>
void main()
{
    float f=1111.1111;
    double d=22222.222222222222;
    printf("%f,%f\n",f,d);
    printf("%-10.2f,%10.2f\n",f,d);
}
```

运行结果:

```
1111.11108 4,2 2222.222222
1111.11    ,   22222.22
```

可以看出,单精度实型数 f 只有前 7 位是有效数字,而最后 3 位是无意义的。

5) e 格式符

e 格式符指定以指数形式输出实型数,如 6.5e＋02。底数部分为实数,小数点前有 1 位非 0 数字,小数点占 1 位,小数点后的数字个数为 $n-1$,n 表示输出精度(有效数字位数),格式转换时四舍五入。指数部分包括字母 e(或 E)、正号或负号和至少两位数字,如 e＋02。若输出的绝对值不小于 1e＋100,则指数部分的数字多于两位。

(1) %e,按系统规定输出指数形式的实型数。系统规定:有效数字位数 n＝6,小数点后保留 $n-1$ 位即 5 位数字,转换时四舍五入处理。

(2) %m. ne(或%－m. ne),输出宽度为 m。若实际长度小于 m,则左端补空格(对%－m. ne,则右端补空格);若实际长度大于 m,则按实际长度输出,保留 $n-1$ 位小数,转换时四舍五入。

例 4.8　e 格式符的输出。

```
#include <stdio.h>
void main()
{
    float f=654.321;
    printf("%e,%12.2e\n",f,f);
}
```

运行结果:

```
6.54321e+02,    6.5e+02
```

6) g 格式符

g 格式符用于输出实型数据,输出格式为%f 格式或%e 格式,系统根据数据所占宽度的大小，自动选择占宽度较小的一种，且不输出小数点后无意义的 0。g 格式符指定的有效数字位数为 6。

例 4.9　g 格式符的输出。

```
#include <stdio.h>
void main()
{
    float y=654.321;
    printf("%f,%e,%g\n",y,y,y);
}
```

运行结果：

```
654.320984,6.54321e+02,654.321
```

此外，还有 o、x、u 等格式，这里不再说明，使用时可查阅有关手册。

4.4　顺序结构程序设计

4.4.1　空语句和表达式语句

在任何一个表达式后面加上一个分号就是表达式语句，它是 C 语言程序中最常用的语句。例如：

```
a=x+1;              /*赋值表达式语句*/
++i;                /*算术表达式语句*/
printf("%d",a);     /*函数调用语句*/
```

都是表达式语句。

只有一个分号的语句是空语句，即：

```
;
```

空语句在语法上是一个语句，但不执行任何操作。

4.4.2　复合语句

顺序语句常常以复合语句的形式出现在程序中。复合语句是指用大括号括起来的语句序列。如果该语句序列中含有声明语句，这样的复合语句又称为分程序。复合语句在语法上作为一条语句，可以出现在任何单一语句可以出现的地方。复合语句的形式为

```
{
    [说明语句]
    执行语句
}
```

其中，说明语句可以没有，如果有，则放在执行语句的前面。例如，下面的复合语句可以交

换两个变量的值：

```
{
    int temp;
    temp=a;
    a=b;
    b=temp;
}
```

该语句中定义的变量 temp 是该复合语句的局部变量，只在该复合语句中有效。

4.5　应 用 举 例

例 4.10　从键盘输入一个小写字母，要求改用大写字母输出。

```
#include <stdio.h>
void main()
{
    char c1,c2;
    c1=getchar();
    c2=c1-32;
    printf("%c\n",c2);
}
```

运行时从键盘输入 a，结果如下：

```
A
```

程序说明：用字符输入函数 getchar 读入一个字符，程序开头应有文件包含命令，把标准输入输出库函数的头文件 stdio.h 包含进来。将小写字母 c1 转换为大写字母 c2 时，由于同一字母大小写的 ASCII 码值之差为 32，所以 c2＝c1－32。

例 4.11　从键盘输入半径 r，输出该圆面积。

```
#include <stdio.h>
void main()
{
    float r,s;
    scanf("%f",&r);
    s=3.1416*r*r;
    printf("Area=%f\n",s);
}
```

例 4.12　从键盘输入一个字符，求出它在 ASCII 码表中的前一个字符和后一个字符，并输出这 3 个字符的 ASCII 码值。

分析：求输入字符在 ASCII 码表中的前一个和后一个字符，只需将输入字符的 ASCII 码值减 1 或加 1，分别按照字符和整数格式输出即可。程序如下：

```
#include <stdio.h>
void main()
{
    char c;
    int c1,c2;
    scanf("%c",&c);
    c1=c-1;c2=c+1;
    printf("%c%4c%4c\n",c1,c,c2);
    printf("%d%4d%4d\n",c1,c,c2);
}
```

运行时从键盘输入 Y,结果如下：

```
X   Y   Z
88  89  90
```

例 4.13　求 $ax^2+bx+c=0$ 方程的根。a、b、c 由键盘输入,设 $b^2-4ac>0$。

分析：在数学中,利用求根公式来求解一元二次方程的根是普遍采用的方法。一元二次方程的求根模型为

$$x=\frac{-b\pm\sqrt{b^2-4ac}}{2a}$$

令

$$p=\frac{-b}{2a},\quad q=\frac{\sqrt{b^2-4ac}}{2a}$$

则

$$x_1=p+q,\quad x_2=p-q$$

程序清单如下：

```
#include <math.h>
void main()
{
    float a,b,c,disc,p,q,x1,x2;
    printf("请输入 a,b,c:");              /* 提示输入 */
    scanf("%f%f%f",&a,&b,&c);             /* 接收 a、b、c 3 个数 */
    disc=b*b-4*a*c;                       /* 计算根号内的值 */
    P=-b/(2*a)
    q=sqrt(disc)/(2*a);                   /* sqrt 为求平方根函数 */
    x1=p+q;    x2=p-q;                     /* 计算两个根 */
    printf("x1=%f\nx2=%f\n",x1,x2);       /* 输出两个根 */
    getch();                              /* 用一个等待输入语句延长显示输出的时间 */
}
```

运行时出现以下提示信息：

请输入 a,b,c:

从键盘输入

1 2 3

结果如下：

```
x1=-2.414213
x2=1.414213
```

4.6 习　　题

1. 编写程序，用 getchar 函数读入两个字符给 c1 和 c2，然后分别用 putchar 函数和 printf 函数输出这两个字符。

2. 编写程序，输入整数 a、b 的值，并将其和显示出来。

3. 分析下列程序，给出运行结果。

（1）
```c
#include <stdio.h>
void main()
{
    int a,b;
    float f;
    scanf("%d,%d",&a,&b);
    f=a/b;
    printf("F=%f",f);
}
```

（2）
```c
#include <stdio.h>
void main()
{
    char c1,c2;
    float f;
    scanf("%c%c",&c1,&c2);
    ++c1;
    --c2;
    printf("C1=%c,C2=%c",c1,c2);
}
```

4. 写出下列程序的输出结果。

```c
#include <stdio.h>
void main()
{
    int a=5,b=7;
    float x=67.8564,y=-789.124;
    char c='A';
    long n=1234567;
    unsigned u=65535;
    printf("%d%d\n",a,b);
    printf("%3d%3d\n",a,b);
    printf("%f,%f\n",x,y);
```

```
        printf("%-10f,%-10f\n",x,y);
        printf("%8.2f,%8.2f,%-4f,%-4f,%3f,%3f\n",x,y,x,y,x,y);
        printf("%e,%10.2e\n",x,y);
        printf("%c,%d,%o,%x\n",c,c,c,c);
        printf("%ld,%lo,%x\n",n,n,n);
        printf("%u,%o,%x,%d\n",u,u,u,u);
        printf("%s,%5.3s\n","COMPUTER","COMPUTER");
    }
```

5. 编写程序,从键盘输入一个大写字母,将其转换为小写字母后显示出来。

6. 编写程序,读入一个数字字符('0'~'9'),将其转换成相应的整数后显示出来。

7. 已知三角形的 3 边 a、b、c,求三角形面积的公式为

$$area = sqrt(s(s-a)(s-b)(s-c))$$

其中,s=(a+b+c)/2,sqrt(x)表示 x 的平方根。编写程序,输入 a、b、c 的值,并计算三角形的面积 area。sqrt 是 C 语言标准库函数,在程序的首部需要用编译预处理命令 #include 将文件 math.h 包含进来。

第 **5** 章　选择结构程序设计

选择结构又称分支结构,是基本结构之一,在大多数程序中都包含选择结构。它的作用是根据对给定条件的判断来选择其一个分支执行。C 语言提供了两种选择语句:if 语句(条件语句)和 switch 语句(开关语句)。

本章重点:正确使用各种关系的运算,掌握 if 语句和 switch 语句的功能并在编程中熟练运用。

5.1　关系运算和逻辑运算

5.1.1　关系运算

C 语言提供了一组关系运算符,如表 5.1 所示。它们用来比较两个运算对象的大小。

表 5.1　关系运算符

运算符	名　称	例　子
>	大于	a>b,a 大于 b
<	小于	a<b,a 小于 b
==	等于	a==b,a 等于 b
>=	大于或等于	a>=b,a 大于或等于 b
<=	小于或等于	a<=b,a 小于或等于 b
!=	不等于	a!=b,a 不等于 b

关系运算符都是二元(双目)运算符,它们的优先级比算术运算符低,高于赋值运算符。在关系运算符中,<、<=、>、>=同级,它们高于==和!=。关系运算符的结合性都是自左至右。

用关系运算符将两个表达式连接起来就成为关系表达式。例如,a>b,x==y,a+b>=c+b 都是合法的关系表达式。

　　关系表达式的值是一个逻辑值,即真或假。C 语言没有专门的逻辑型数据,而是用 1 (或非 0)表示真,用 0 表示假。因此表达式 5<3 的值为假,即为 0。而表达式 a>b 的值 则取决于 a、b 的值,但只可能是真或假(1 或 0)两种情况之一。

　　再看一个复杂一些的关系表达式如何求值(设 a=2,b=3):

$$c=5-3>=a+1<=b+2$$

在这个表达式中有赋值运算、算术运算和关系运算。其中算术运算优先级最高,关系运算 次之,赋值运算最低,所以先进行算术运算,即

$$c=2>=3<=5$$

　　然后进行关系运算,关系运算符的结合性为自左至右,先计算 2>=3,结果为假,其 值为 0,即

$$c=0<=5$$

　　再进行关系运算 0<=5,结果为真,其值为 1,故 c 的值为 1。
　　字符型数据可按其 ASCII 码值进行比较。例如:
　　'a'>'b':结果为假,值为 0。
　　'a'>50:结果为真,值为 1。

5.1.2　逻辑运算

　　逻辑运算符是用来对运算对象做逻辑运算的。C 语言提供了 3 种逻辑运算符,如 表 5.2 所示。

表 5.2　逻辑运算符

运算符	名　称	例　　子
!	逻辑非	!a,a 反
&&	逻辑与	a&&b,a 与 b
||	逻辑或	a||b,a 或 b

　　!(逻辑非)为单目运算符,右结合。其运算规则是:当运算量为 0 时,运算结果为 1; 当运算量为 1 时,运算结果为 0。

　　&&(逻辑与)为双目运算符,左结合。其运算规则是:只有当两个运算量都是非 0 时,运算结果才为 1,否则为 0。

　　||(逻辑或)为双目运算符,左结合。其运算规则是:只要有一个运算量为非 0,运算 结果就为 1;只有两个运算量都为 0 时,结果才是 0。

　　这 3 个运算符的优先级如下:逻辑非!最高,逻辑与 && 次之,逻辑或||最低。!的优 先级高于算术运算符和关系运算符,而 && 和||的优先级低于算术运算符和关系运算 符。由此可见:

　　a>b&&c>d　　　相当于　　　(a>b)&&(c>d)

| a==0\|\|b==0 | 相当于 | (a==0)\|\|(b==0) |
| !a&&b==c | 相当于 | (!a)&&(b==c) |

用逻辑运算符将逻辑量(表示逻辑的常量、变量、函数、关系表达式等)连接起来的式子称为逻辑表达式。逻辑表达式的值是一个逻辑值,用 1 表示真,用 0 表示假。而在判断一个量的真或假时,以非 0 表示真,以 0 表示假。例如 a＝3,b＝2,则

!a:相当于!3,值为 0。

a&&b:相当于 3&&2,值为 1。

a&&!b:相当于 3&&0,值为 0。

!a\|\|b:相当于 0\|\|2,值为 1。

逻辑与和逻辑或运算分别具有如下性质:

a&&b,当 a 为 0 时,不管 b 为何值,结果为 0。

a\|\|b,当 a 为 1 时,不管 b 为何值,结果为 1。

利用上述性质,在计算连续的逻辑与运算时,若有运算分量的值为 0,则表达式的结果为 0,不再计算后面的运算分量;在计算连续的逻辑或运算时,若有运算分量的值为 1,则表达式的结果为 1,不再计算后面的运算分量。上述性质也称为短路特性。

注意:运算符 && 和\|\|的短路特性的副作用。思考下面的表达式:

```
i>0&&++j>0
```

如果 i>0 的结果为假,将不会计算表达式＋＋j>0,那么 j 也不会自增。把表达式的条件变成＋＋j>0&&i>0,就可以解决这个短路问题。更好的办法是单独对 j 进行自增操作。

关系运算和逻辑运算经常用于流程控制,如分支语句或循环语句的条件表达式中。

5.2　if 语句

if 语句是条件选择语句,它通过判断给定的条件是否满足来决定所要执行的操作。

5.2.1　if 语句的 3 种形式

if 语句有单分支、双分支和嵌套(多分支)3 种形式。

1. 单分支 if 语句

单分支的 if 语句格式如下:

if(表达式)　语句

例如:

```
if(a>b) printf("%d",a);
```

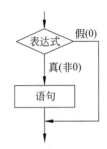

图 5.1　单分支 if 语句的执行过程

单分支 if 语句执行过程如图 5.1 所示,首先计算 if 后面括号内表达式的值。如果它的值为真(非 0),就执行语句;如果它的值

为假(0),就转到 if 语句的下一条语句去执行。if 语句中的表达式通常为关系表达式或逻辑表达式,也可以是算术表达式。

例 5.1 求一个整数的绝对值。

```c
#include <stdio.h>
void main()
{
    int a;
    scanf("%d",&a);
    if(a<0) a=-a;
    printf("这个数的绝对值是%d\n",a);
}
```

运行时输入-101,结果如下:

这个数的绝对值是 101

2. 双分支 if 语句

双分支 if 语句的格式如下:

```c
if(表达式)
    语句 1
else
    语句 2
```

例如:

```c
if(a>b)
    printf("%d",a);
else
    printf("%d",b);
```

双分支 if 语句的执行过程如图 5.2 所示,首先计算 if 后面括号内表达式的值。如果它的值为真(非 0),就执行语句 1;如果它的值为假(0),就执行语句 2。

例 5.2 编写程序,输入两个整数,求其中较大者。

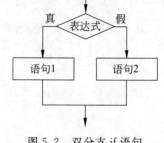

图 5.2 双分支 if 语句
的执行过程

```c
#include <stdio.h>
void main()
{
    int a,b,large;
    scanf("%d%d",&a,&b);
    if(a>b) large=a;
        else  large=b;
    printf("large=%d\n",large);
}
```

运行时输入 10 20,结果如下:

```
large=20
```

在 if 语句中,语句 1 和语句 2 可以是单个语句,也可以是由多个语句组成的复合语句。

例 5.3 输入两个数,要求将大者赋予 x,小者赋予 y。

```c
#include <stdio.h>
void main()
{
    int a,b,x,y;
    scanf("%d%d",&a,&b);
    if(a>b) {x=a; y=b;}
    else    {x=b; y=a;}
    printf("x=%d  y=%d\n",x,y);
}
```

运行时输入 3 4,结果如下:

```
x=4   y=3
```

3. if 语句嵌套(多分支)

if 语句中的语句 1 和语句 2 本身又可以是一个 if 语句,这就是 if 语句的嵌套,用这种嵌套实现多分支 if 语句。其执行过程如图 5.3 所示。下面是一种 if 语句嵌套最常用的形式——else-if 结构。

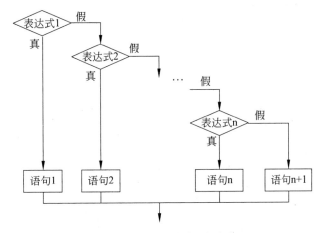

图 5.3 if 语句的嵌套(多分支)

```c
if(表达式 1)
    语句 1
else if(表达式 2)
    语句 2
```

...
```
else if(表达式 n)
    语句 n
else
    语句 n+1
```

其含义是：如果表达式 1 为真，则执行语句 1；否则，如果表达式 2 为真，则执行语句 2……以此类推，如果表达式 n 为真，则执行语句 n；如果各表达式都不为真，则执行语句 n+1。

例 5.4 编写一个求解符号函数的程序。

$$\text{Sign} = \begin{cases} 1, & x > 0 \\ 0, & x = 0 \\ -1, & x < 0 \end{cases}$$

程序如下：

```
#include <stdio.h>
void main()
{
    int x,sign;
    printf("Please input a number:\n");
    scanf("%d",&x);
    if(x>0)
        sign=1;
    else if(x==0)
        sign=0;
    else
        sign=-1;
    printf("The sign is %d.\n",sign);
}
```

运行时出现以下提示信息：

```
Please input a number:
```

输入 10,结果如下：

```
The sign is -1
```

例 5.5 程序要求输入百分制成绩，然后按此成绩输出成绩等级（90～100 为 A,80～89 为 B,70～79 为 C,60～69 为 D,60 以下为 E)。

```
#include <stdio.h>
void main()
{
    int score;
    printf("请输入一个成绩 0~100:");
```

```
    scanf("%d",&score);
    printf("The grade is:");
    if(score>=90)
        printf("%c\n",'A');
    else if(score>=80)
        printf("%c\n",'B');
    else if(score>=70)
        printf("%c\n",'C');
    else if(score>=60)
        printf("%c\n",'D');
    else
        printf("%c\n",'E');
}
```

运行时出现以下提示信息:

请输入一个成绩(0~100):

输入 85,结果如下:

```
The grade is:B
```

上面的 else-if 结构并不能代表 if 嵌套的全部情况,更一般的情况是 if 后面和 else 后面的语句都可以再包含 if 语句。例如:

```
if(表达式 1)
    if(表达式 2)
    语句 1
else
    语句 2
```

这里有两个 if 和一个 else,显然如果 if 和 else 配对不同,则语句的执行效果是不一样的,于是就出现了二义性。为此 C 语言规定,else 总是与它前面最近的一个无 else 的 if 配对。根据这一规定,上面语句中的 else 是与第二个 if 配对。如果想要使 else 与第一个 if 配对,则可在相应的 if 语句上加上大括号:

```
if(表达式 1)
    {if(表达式 2)　语句 1}
else
    语句 2
```

注意:不要混淆==(判等)运算符和=(赋值)运算符。语句 if(i==0)…测试 i 是否等于 0,而语句 if(i=0)…则是先把 0 赋值给 i,然后测试赋值表达式的结果是否非零值,在这种情况下,测试总是会失败的。

把==运算符与=运算符混淆是最常见的 C 语言编程错误。

5.2.2　条件运算

条件运算符(?:)是 C 语言唯一的三目运算符,它连接 3 个运算分量。条件运算符构

成的表达式的一般形式如下:

　　　表达式 1?表达式 2:表达式 3

　　它的执行过程是:先计算表达式 1,如果其值为真,则计算表达式 2 的值,并作为结果值,否则计算表达式 3 的值作为结果值。例如:

　　　max=(a>b)?a:b;

该语句执行时,当 a＞b 条件成立时,变量 max 取 a 值,否则取 b 值。

　　在 if 语句中,当 if 和 else 都只带一个赋值语句,且给同一变量赋值时,就可用条件运算来代替。例如上述条件运算可替代下面的 if 语句:

```
if(a>b)
    max=a;
else
    max=b;
```

条件运算符的优先级较低,只高于赋值运算符和逗号运算符。

　　条件表达式体现了 C 语言简明的风格,这是 C 语言区别于其他高级语言的一个显著特点。

5.3　switch 语句

　　5.2 节介绍的 if 语句一般适用于单分支和双分支的选择,尽管也可以通过 if 嵌套形式实现多分支的选择,但这种方式由于嵌套层次过多,影响了程序的可读性。C 语言提供了一种更适于多分支选择的 switch 语句,又称开关语句。它的一般形式如下:

```
switch(表达式)
{
    case 常量表达式 1: 语句组 1
    case 常量表达式 2: 语句组 2
        ⋮
    case 常量表达式 n: 语句组 n
    default:        语句组 n+1
}
```

其中,switch、case、default 均为 C 语言的保留字。switch 后面的表达式通常为整型、字符型或枚举型。常量表达式又称开关常数或分支标号,必须是与表达式类型一致的整数、字符或枚举常数。语句组 1～n+1 可以是单个语句,也可以是多个语句,如果是多个语句也不必用大括号括起来。default 和语句组 n+l 部分可以省略。

　　switch 语句的执行过程是:首先计算 switch 后面小括号内表达式的值,然后依次与各个 case 后面的常量表达式的值相比较,若一致就执行该 case 后面的语句,直到遇到 break 语句,或 switch 语句执行结束,就转到 switch 语句后面的语句去执行;如果表达式的值与所有常量表达式的值都不相等,则转向 default 后面的语句去执行;如果没有

default 部分,则不执行 switch 语句中的任何语句,而直接转到 switch 语句后面的语句去执行。

每个 case 代表一个分支,其后面的语句组代表该分支所要执行的操作。但是,如果语句组中没有 break 语句,程序就可能一直执行,从而进入其他分支,这在 C 语言中是允许的。但一个好的习惯是在每个语句组中以 break 结束,从而保持各分支的独立性。

注意：忘记使用 break 语句是编程时常犯的错误。虽然有时会故意忽略 break 以便分支共享代码,但很多错误是忘记加上 break 导致的。

例 5.6　将例 5.5 程序中的 if-else 语句改用 switch 语句。

```c
#include <stdio.h>
void main()
{
    int score;
    printf("请输入一个成绩(0~100):");
    scanf("%d",&score);
    printf("The grade is:");
    switch (score/10)
    {
        case 10:
        case 9:   printf("%c\n",'A');break;
        case 8:   printf("%c\n",'B');break;
        case 7:   printf("%c\n",'C');break;
        case 6:   printf("%c\n",'D');break;
        default: printf("%c\n",'E');
    }
}
```

运行时出现以下提示信息:

请输入一个成绩(0~100):

输入 85,结果如下:

```
The grade is:B
```

在使用 switch 语句时,应注意以下几点:

(1) switch 后面小括号内表达式的值与 case 后面常量表达式的值都必须是整型、字符型或枚举型。

(2) switch 语句中所有 case 后面的常量表达式的值必须互不相同,而多个 case 的后面可以共用一组语句。例如:

```c
switch(x)
{
    case 0:
    case 1: 语句组 1; break;
}
```

是合法的,表示当 x=0 或 x=l 时,都执行语句组 l 和 break。而下面的语句是不合法的:

```
switch(c)
{
    case 'a': 语句组 1; break;
    case 'a': 语句组 2; break;
    ...
}
```

(3) case 后面的语句可以是单个语句,也可以是多个语句,但不需要用大括号括起来。

(4) switch 语句中的 case 和 default 出现的次序是任意的,即 default 也可位于 case 之前,且 case 的次序也不要求按常量表达式的大小顺序排列。

5.4 应用举例

例 5.7 编写程序,从键盘输入年份,判断其是否为闰年。

分析:闰年的条件是,能被 4 整除但不能被 100 整除,或者能被 400 整除。

整除描述:如果 X 能被 Y 整除,则余数为 0,即如果 X%Y 的值等于 0,则表示 X 能被 Y 整除。设年份变量为 year,标志是否闰年的变量 leap,leap=1 为闰年,否则不是闰年。该程序的算法见图 5.4。程序的下面几种写法说明编写程序没有固定的格式,主要看个人喜欢使用什么语句功能来实现。

写法 1:使用复合语句。

```
void main()
{
    int year,leap;
    printf("请输入年份: \n");
    scanf("%d",&year);
    if(year%4==0)
    {
        if(year%100==0)
        {
            if(year%400==0)
                leap=1;
            else
                leap=0;
        }
        else
            leap=1;
    }
    else
        leap=0
```

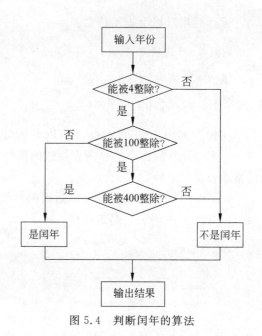

图 5.4 判断闰年的算法

```
    if(leap)
        printf("您输入的年份是闰年");
    else
        printf("您输入的年份不是闰年");
}
```

写法 2：使用 if-else-if 格式。

```
void main()
{
    int year,leap;
    printf("请输入年份：\n");
    scanf("%d",&year);
    if(year%4!=0)
        leap=0;
    else if(year%100!=0)
            leap=1;
        else if(year%400!=0)
                leap=0;
            else
                leap=1;
    if(leap)
        printf("您输入的年份是闰年");
    else
        printf("您输入的年份不是闰年");
}
```

写法 3：先预置 leap＝0，为非闰年。

```
#include<stdio.h>
void main()
{
    int year,leap=0;
    printf("请输入年份：\n");
    scanf("%d",&year);
    if(year%4==0)
    if(year%100!=0)
        leap=1;
    else
    {
        if(year%400==0)
        leap=1;
    }
    if(leap)
        printf("您输入的年份是闰年");
    else
```

```
        printf("您输入的年份不是闰年");
    }
```

写法 4：利用逻辑运算描述复杂条件,简化程序。

```
void main()
{
    int year;
    printf("请输入年份：\n");
    scanf("%d",&year);
    if((year%4==0&& year%100!=0)||(year%400==0))
        printf("您输入的年份是闰年");
    else
        printf("您输入的年份不是闰年");
}
```

运行时出现以下提示信息：

请输入年份：

输入 1989,结果如下：

您输入的年份不是闰年

再次运行程序,输入 2000,结果如下：

您输入的年份是闰年

5.5　习　　题

1. 写出下列表达式的值(设 a＝3,b＝4,c＝5)。
   (1) a－b＜c＋1
   (2) a＞＝b&&b＞＝c＋1
   (3) !(b－a)||!(c－8)
   (4) a＞b&&a＋c==b
   (5) a||b＋c&&b－c

2. 用 C 语言描述下面的命题。
   (1) a 小于 b 或小于 c
   (2) a 和 b 都大于 c
   (3) a 和 b 中有一个小于 c
   (4) a 是偶数
   (5) a 不能被 b 整除

3. 以下关于 if 语句的描述中(　　　)是错误的。
   A. 条件表达式可以是任意的表达式
   B. 条件表达式只能是关系表达式或逻辑表达式

C. 条件表达式的括号不可省

D. 与 else 配对的 if 语句是其之前最近的未配对的 if 语句

4. 执行了以下程序段后，x、w 的值为（   ）。

```
int x=0,y=1,z=2,w;
if(x++)w=x;
else if(x++&&y>=1) w=y;
else if(x++&&z>1) w=z;
```

5. 有 3 个整数 a、b、c，从键盘输入，输出最小的数。

6. 编程计算下面的分段函数。

(1) $y=\begin{cases}1, & x=0 \\ \dfrac{\sin x}{x}, & x\neq 0\end{cases}$

(2) $y=\begin{cases}x, & x<1 \\ 2x-1, & 1\leqslant x<10 \\ 3x-11, & x\geqslant 10\end{cases}$

7. 已知三角形 3 条边 a、b、c，编写程序，判断它们是否能够构成三角形，如能，则计算三角形面积。构成三角形的条件是 a+b>c，且 |a-b|<c。

8. 编写程序，输入一个字符，如果是大写字母则转换为小写，否则不转换，最后输出。

9. 编写程序，判断一个整数是否为 3、5、7 的倍数。

10. 编写计算器程序，能够实现简单的四则运算。

要求：输入变量 a 的值，输入一个算术运算符（＋、－、＊、／、％之一），再输入变量 b 的值，输出 a 和 b 的运算结果。

要求输出算式形式。例如，若输入 12＋39，则输出为 12＋39＝51。

如果输入的运算符不是上述 5 种之一，输出出错信息。

CHAPTER 6

第 6 章

循环程序设计

在解决许多实际问题时都需要有规律地重复某些操作,因此程序中就需要重复执行某些语句,这就是循环。循环结构是结构化程序设计的基本结构之一,它和顺序结构、选择结构共同作为各种复杂程序的基本构造单元。因此,熟练掌握循环结构的概念及使用是程序设计的最基本要求。

C 语言提供了 3 种用来实现循环的语句,即 while 语句、do-while 语句和 for 语句。另外,还可以由 goto 语句和 if 语句构成循环。

本章重点:掌握循环的概念以及 while 语句、do-while 语句和 for 语句的区别和使用,正确使用循环嵌套与中途跳出循环体语句。

6.1 while 循环语句

while 循环语句的一般形式如下:

```
while(表达式)
    循环体
```

其中,while 是保留字;循环体可以是一条语句,也可以是复合语句,还可以是空语句。

该语句的执行过程是:先计算 while 后面小括号内表达式的值,如果表达式的值为非 0(真),则执行循环体,然后再次计算表达式,并重复上述过程,直到表达式的值为 0(假)时,退出循环。该语句的特点是先判断表达式的真假,后执行循环体。其执行流程如图 6.1 所示。

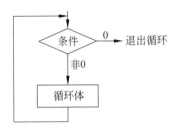

图 6.1 while 语句执行流程

例 6.1   求 1~100 的自然数之和。

```
#include <stdio.h>
void main()
{
    int i=1,sum=0;
    while(i<=100)
    {
        sum+=i;
        i++;
    }
    printf("%d\n",sum);
}
```

运行结果：

```
5050
```

while 语句使用时应注意以下几点：

(1) 由于 while 语句先判断表达式，后执行循环体，如果表达式的值一开始就为假，则循环一次也不执行。

(2) while 语句的表达式要用小括号括起。当循环体有多个语句时，要用大括号括起，以形成复合语句。例如，在例 6.1 中：

```
while(i<=100)
{
    sum+=i;
    i++;
}
```

(3) 在循环体中应该有使表达式的值有所变化的语句，以使循环能趋于终止，否则会形成死循环。例如，在例 6.1 中：

```
i++;
```

6.2   do-while 循环语句

do-while 循环语句的一般形式如下：

```
do
    循环体
while(表达式);
```

其中，do、while 是保留字；循环体可以是一条语句，也可以是由多条语句组成的复合语句。

该语句的执行过程是：先执行循环体，再计算 while 后面小括号内表达式的值，如果其值为真(非 0),则再次执行循环体,如此重复,直到表达式的值为假(0)结束循环。该语句的特点是先执行循环体,后判断表达式的值,所以循环体至少执行一次。其执行流程如图 6.2 所示。

例 6.2　用 do-while 语句计算 1~100 的自然数之和。

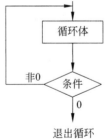

图 6.2　do-while 语句执行流程

```
#include <stdio.h>
void main()
{
    int i=1,sum=0;
    do
    {
        sum+=i;
        i++;
    } while(i<=100);
    printf("%d\n",sum);
}
```

运行结果:

```
5050
```

do-while 语句使用时应注意以下几点:

(1) do-while 循环先执行循环体,而后判断表达式的值,所以循环体至少执行一次。

(2) 当循环体有多个语句时,需用大括号括起,while 后面的表达式也应该用小括号括起。例如,在例 6.2 中:

```
do
{
    sum+=i;
    i++;
}while(i<=100);
```

(3) 与 while 语句一样,do-while 语句的循环体中应该有使表达式的值发生变化,从而使循环趋于结束的语句。例如,在例 6.2 中:

```
i++;
```

(4) C 语言中的 do-while 语句在表达式的值为真时重复执行循环体,这与 Pascal 语言中实现类似功能的 repeat-until 语句有区别。

6.3　for 循环语句

for 循环语句的一般形式如下:

```
for(表达式 1;表达式 2;表达式 3)
    循环体
```

其中,for 为保留字。表达式 1 是循环变量赋初始值部分,通常为赋值语句;表达式 2 是循环控制条件,通常为关系表达式或逻辑表达式;表达式 3 是循环变量的修改部分,用来表达循环变量的增量,通常是赋值语句,常采用自加、自减运算。循环体可以是一条语句,也可以是复合语句或空语句。

for 语句的执行过程是:先计算表达式 1 的值,作为循环变量的初始值;再计算表达式 2 的值,若该值为假,则退出循环,若为真,则执行循环体;然后计算表达式 3 的值,对循环变量进行修改后再计算表达式 2,若为真,再一次执行循环体;如此重复,直到表达式 2 的值为假时退出循环。其执行流程如图 6.3 所示。

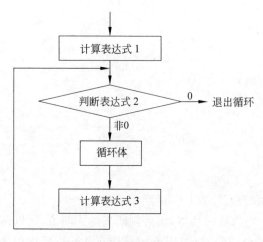

图 6.3 for 语句执行流程

for 语句十分灵活,可用于循环次数确定的循环,也可用于受循环结束条件控制的循环,因此 for 语句和 while 语句可相互替代。

例 6.3 用 for 语句求 1~100 的自然数之和。

可以用以下 5 种形式的 for 循环。

形式 1: for 语句中有 3 个表达式。

```
#include <stdio.h>
void main()
{
    int i,sum=0;
    for(i=1;i<=100;i++)
        sum+=i;
    printf("%d\n",sum);
}
```

运行结果:

```
5050
```

形式 2:表达式 1 从 for 后面的小括号中移到 for 语句的前面,但表达式 1 后的分号要保留。

```
#include <stdio.h>
void main()
{
    int i=1,sum=0;
    for(;i<=100;i++)
        sum+=i;
    printf("%d\n",sum);
}
```

形式 3：表达式 1 移到 for 的前面，表达式 3 移到循环体中，分号保留，这时 for 后面括号内只有一个表达式 2。

```
#include <stdio.h>
void main()
{
    int i=1,sum=0;
    for(;i<=100;)
        sum+=i++;
    printf("%d\n",sum);
}
```

形式 4：表达式 1 移到 for 前面，表达式 2 和表达式 3 都移到循环体中。这时 for 后面括号中仅保存分隔 3 个表达式的分号。

```
#include <stdio.h>
void main()
{
    int i=1,sum=0;
    for(;;)
    {
        sum+=i++;
        if(i>100)
            break;
    }
    printf("%d\n",sum);
}
```

形式 5：表达式 1、表达式 2、表达式 3 可以是逗号表达式。将原来在 for 前面的 sum=0 放到表达式 1 的位置，将循环体中的语句放到表达式 3 的位置，这时循环体为一个空语句。

```
#include <stdio.h>
void main()
{
    int i,sum;
    for(sum=0,i=1;i<=100;sum+=i,i++)
```

```
        ;
    printf("%d\n",sum);
}
```

for 语句还可用 while 语句来代替。其替代格式是

```
表达式 1;
while(表达式 2)
{
    循环体
    表达式 3;
}
```

例如,例 6.3 中的 for 语句可改写成如下的 while 语句:

```
#include <stdio.h>
void main()
{
    int i,sum=0;
    i=1;
    while(i<=100)
    {
        sum+=i;
        i++;
    }
    printf("%d\n",sum);
}
```

for 循环语句还可以嵌套,即在循环体内还可以有 for 循环语句或其他循环语句。

例 6.4 编写程序,求 ab×ba=1855 时 a、b 的值。其中 a、b 均为一位数,而 ab 和 ba 则为这两个一位数组成的二位数。

```
#include <stdio.h>
void main()
{
    int a,b,n;
    int mul=1855;
    for(a=1;a<10;a++)
        for(b=1;b<10;b++)
        {
            n=(10 * a+b) * (10 * b+a);
            if(n==mul)
                printf("a=%d,b=%d\n",a,b);
        }
}
```

运行结果:

```
a=3,b=5
a=5,b=3
```

6.4　循环的退出

通常上述 3 种循环语句都是执行完规定的循环次数或满足循环终止条件后才退出循环，但有时需要中途退出，为此，C 语言提供了如下 3 个办法。

6.4.1　break 语句

break 语句的一般形式为

```
break;
```

前面已经介绍过 break 语句可用在 switch 语句中，用来跳出 switch 语句，转到下一个语句执行。break 语句也可用在循环语句中（包括 for、while 和 do-while 循环），用来立即终止循环的执行，而转到循环语句的下一个语句，如图 6.4 所示。

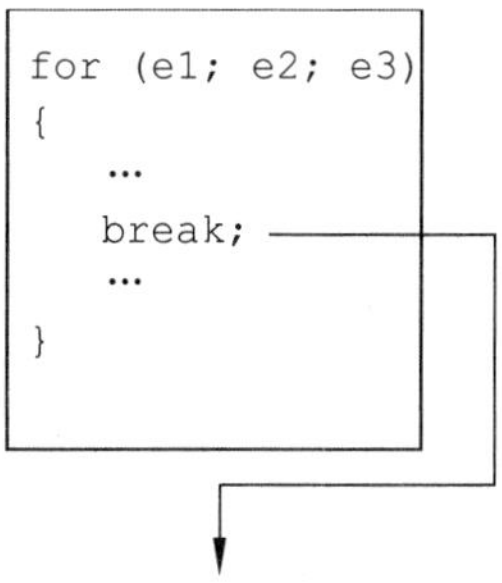

例 6.5　编写程序，对自然数 n（n＝1,2,3,…）求阶乘，当其阶乘大于 10^6 时就结束，输出此时的 n 和 n! 的值。

程序如下：

图 6.4　break 语句作用示意

```c
#include <stdio.h>
void main()
{
    int n=1;
    long fact=1;
    while(1)
    {
        n++;
        fact *=n;
        if(fact>(long)1E6)
            break;
    }
    printf("N=%d,N!=%ld\n",n,fact);
}
```

运行结果：

```
N=10,N!=3628800
```

在多层循环语句中，break 语句只能跳出它所在的循环到外一层循环，而不能一下跳出多层循环。

6.4.2   continue 语句

continue 语句的一般形式如下：

```
continue;
```

它的作用是终止本轮循环，也就是跳过循环体中位于 continue 语句之后的其他语句，并开始下一轮的循环，如图 6.5 所示。

continue 语句与 break 语句的区别是前者不终止整个循环。

例 6.6   编写程序，计算输入的 10 个整数中正数的平均值。

程序如下：

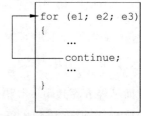

图 6.5   continue 语句作用示意

```c
#include <stdio.h>
void main()
{
    int i,n,a;
    float sum;
    for(sum=0,n=0,i=1;i<=10;i++)
    {
        scanf("%d",&a);
        if(a<0)
            continue;
        sum+=a;
        n++;
    }
    printf("Average=%6.2f\n",sum/n);
}
```

运行时输入以下 10 个整数：

```
68 -40 44 -20 48 65 -3 0 -7 12
```

结果如下：

```
Average=39.50
```

6.4.3   goto 语句

goto 是无条件转移语句。它的一般形式如下：

```
goto 语句标号;
```

其中，goto 为保留字；语句标号用标识符表示，用来标识一条语句，它出现在语句的前面，用冒号与语句隔开，即

语句标号：语句

goto 语句转移到标号所标识的语句去执行。

goto 语句只能在所在的函数体内转移，即 goto 与标号在同一函数内。

goto 语句与 if 语句配合使用，也能构成循环，但按照结构化程序设计原则，应该限制这种用法。

goto 语句主要用来跳出多层循环，而前面介绍的 break 语句只能跳出一层循环。注意，使用 goto 语句只能从循环内部跳转到循环外部，而不能由循环外部向循环内部跳转。

另外，有时在遇到特殊情况（如某种出错）时需要转出正常控制结构，此时可以使用 goto 语句提前结束正常处理的程序段。例如在第 5 章例 5.5 中，在输入百分制成绩时如果发生输入错误，加上如下一段程序是很有效的：

```
L1:scanf("%d",&score);
if(score<0||score>100)
{
    printf("Enter wrong score,please again\n");
    goto L1;
}
```

本节介绍的 break 语句、continue 语句和 goto 语句都是非结构化语句。按照结构化程序设计原则，应该尽可能地少使用它们，否则将影响程序的可读性。

注意：如果不小心在 if、while 或者 for 语句的小括号后放置分号，会创建空语句，从而造成 if、while 或 for 语句提前结束。

(1) 在 if 语句中，如果在小括号后放置分号，无论控制表达式的值是什么，if 语句执行的动作都是一样的。例如：

```
if(d==0);           /***WRONG***/
    printf("Error:Division by zero\n");
```

因为 printf 函数调用放在 for 语句分号后面，所以无论 d 的值是否等于 0，都会执行 printf 函数。

(2) 在 while 语句中，如果在小括号后放置分号，则会产生无限循环。例如：

```
i=10;
while(i>0);
{
    printf("T minus %d and counting\n",i);
    --i;
}
```

另一种可能是循环终止，但是在循环终止后还会执行一次循环体。

```
i=11;
while(--i>0);
```

```
    printf("T minus %d and counting\n",i);
```

结果如下：

T minus 0 and counting

（3）在 for 语句中，如果在小括号后放置分号，则只执行一次循环体：

```
for(i=10;i>0;i--);
    printf("T minus %d and counting\n",i);
```

结果如下：

T minus 0 and counting

6.5　应用举例

例 6.7　用迭代法求 a 的平方根。迭代公式为

$$x_{n+1} = \frac{x_n + \dfrac{a}{x_n}}{2}$$

分析：程序输入为 a，x_{n+1} 为输出，x_n 为上一次迭代值。在程序中为了便于迭代，采用 x1 和 x0 两个变量，即 x1＝(x0＋a/x0)/2。其迭代方法是：选取迭代初始值 x0＝a/2，根据迭代公式求出 x1，再用 x1 替代 x0，即用 x1 对 x0 赋值，再由新的 x0 求出新的 x1；如此重复，直到满足要求的精度|x1－x0|＜eps 为止（eps 为给定的精度）。
程序如下：

```
#include <stdio.h>
#include <math.h>
void main()
{
    float a,x0,x1,eps=1e-4;
    printf("Please input a:");
    scanf("%f",&a);
    if(a<0)
        printf("a<0 error!\n");
    else if(a==0)
        printf("sqrt(a)=0\n");
    else
    {
        x0=a/2;
        x1=(x0+a/x0)/2;
        while(fabs(x1-x0)>=eps)
        {
            x0=x1;
            x1=(x0+a/x0)/2;
```

```
        }
        printf("sqrt(a)=%f\n",x1);
    }
}
```

运行时出现以下提示信息：

```
Please input a:
```

输入 1.69，结果如下：

```
sqrt(a)=1.30000
```

例 6.8　输出九九乘法表。

分析：分行与列考虑，共 9 行 9 列，i 控制行，j 控制列。

程序如下：

```
#include <stdio.h>
void main()
{
    int i,j,result;
    printf("\n");
    for(i=1;i<10;i++)
    {
        for(j=1;j<10;j++)
        {
            result=i * j;
            printf("%d * %d=%-3d",i,j,result);
            /* -3d 表示左对齐,占 3 位 */
        }
        printf("\n");        /* 每一行后换行 */
    }
}
```

输出的九九乘法表共有 9 行，每行都有 9 列。如果想输出三角型的九九乘法表（第 1 行有 1 列，第 2 行有 2 列……），请读者自行修改程序。

例 6.9　从键盘上输入一行字符，分别统计其中字母、数字和其他字符的个数。

程序如下：

```
#include <stdio.h>
void main()
{
    char c;
    int letter=0,digit=0,other=0;
    while((c=getchar())!='\n')
    {
        if(c>='a'&&c<='z'||c>='A'&&c<='Z')
```

```
            letter++;
        else if(c>='0'&&c<='9')
            digit++;
        else
            other++;
    }
    printf("Letter=%d,Digit=%d,Other=%d\n",letter,digit,other);
}
```

运行时输入：

```
s4a<h3k>d5l6?
```

结果如下：

```
Letter=6,Digit=4,Other=3
```

例 6.10 编写程序，利用级数求圆周率。

$$pi = 4 \times \left(1 - \frac{1}{3} + \frac{1}{5} - \frac{1}{7} + \cdots + (-1)^{n-1}\frac{1}{2n-1}\right)$$

(1) 计算级数前 20 项。

分析：由于级数各项变化很有规律，可以运用循环逐项累加。这里采用 for 语句，i 为循环控制变量，从初始值 1 到终值 20，pi 为累加变量，sign 为符号变量，term 为第 i 项的值。算法是：先求第一项的值，并将其累加到 pi 中，然后改变 sign 的符号，再求第二项的值，如此继续下去，直到 i>20 时循环结束。

程序如下：

```
#include <stdio.h>
void main()
{
    int i,sign=1;
    float pi=0,term;
    for(i=1;i<=20;i++)
    {
        term=(float)sign/(2*i-1);
        pi+=term;
        sign=-sign;
    }
    pi=4*pi;
    printf("PI=%8.6f\n",pi);
}
```

运行结果：

```
PI=3.091624
```

如果计算前 40 项或前 200 项，则结果分别为

```
PI=3.116596
PI=3.136593
```

用上述方法求级数和,项数越大,结果越接近圆周率,但运算时间也就越长。

(2) 要求误差小于 10^{-5},计算圆周率的近似值及级数的项数。

分析:算法基本上同(1)。不过这里不是规定循环次数,而是规定误差精度,只要级数最后一项的绝对值小于 10^{-5} 就可以满足要求了。

程序如下:

```c
#include <stdio.h>
#include <math.h>
void main()
{
    long n=1,sign=1;
    float pi=0,term;
    do
    {
        term=(float)sign/(2*n-1);
        pi+=term;
        sign=-sign;
        n++;
    } while(fabs(term)>1e-5);
    pi=4*pi;
    printf("PI=%8.6f,N=%ld\n",pi,n);
}
```

运行结果:

```
PI=3.141616,N=50002
```

6.6　习　　题

1. 给出下列程序的运行结果。

```c
(1) #include <stdio.h>
    void main()
    {
        int x,p,s,n,i;
        s=0;n=4;
        for(x=1;x<=n;x++)
        {
            p=1;
            for(i=1;i<=n;i++)
                p=p*x;
            s=s+p;
```

```
        }
        printf("%d\n",s);
    }
(2) #include <stdio.h>
    void main()
    {
    int s,k;
    s=0;
    for(k=7;k>=4;k--)
    {
        switch (k)
        {
            case 1:
            case 4:
            case 7: s=s+1;break;
            case 2:
            case 3:
            case 6: break;
            case 0:
            case 5: s=s+2;break;
        }
    }
    printf("S=%d\n",s);
    }
```

2. 输入正整数 m,判别其是否为素数(素数只能被 1 和其本身整除)。若是,则输出"It is a prime number.";否则,输出"It is not a prime number."。

3. 编写程序,求满足下列不等式的 n 的最小值。

$$1+\frac{1}{2}+\frac{1}{3}+\cdots+\frac{1}{n}>\text{limit}$$

式中 limit 是大于 1 的任意数(注意,limit 的值不能取得太大,否则运行时间太长)。

4. 编写循环结构程序,输出下面图案。

```
                *
              *   *   *
            *   *   *   *   *
          *   *   *   *   *   *   *
        *   *   *   *   *   *   *   *   *
          *   *   *   *   *   *   *
            *   *   *   *   *
              *   *   *
                *
```

5. 计算 $1+1/2+1/4+\cdots+1/50$ 的值。

6. 用 5 分、2 分、1 分的硬币 10 枚组成 2 角 4 分钱,有多少种不同的组合?

7. 输出 50～100 中不能被 3 整除的数。

8. 打印九九乘法表。

9. 如果一个 3 位的正整数等于它每一位数字的立方和,则这个数叫作水仙花数。求出 100～999 中的全部水仙花数。

10. 编程统计从键盘输入的字符中数字字符的个数,用换行符结束输入。

第 **7** 章　数　组

CHAPTER 7

　　数组、结构和联合都是构造数据类型。这些数据类型是由基本数据类型按一定规则构成的，它们在描述实际应用问题时是十分有用的。

　　本章先介绍数组。数组是类型相同的数据的集合。其中的每一个数据称为该数组的一个元素。数组元素可用数组名和下标来确定。在处理大量的同类型数据时，使用数组是非常方便的。

　　本章重点：掌握数组的定义、引用、初始化和应用。

7.1　一　维　数　组

7.1.1　一维数组的定义

　　在 C 语言中，一维数组定义的格式如下：

类型说明符　　数组名[常量表达式]；

其中，类型说明符包括 int、char、float、double 等，它表明数组的类型，即数组中每个元素的数据类型；数组名的命名规则与变量相同，用标识符表示；常量表达式的值是数组的长度，即数组元素的个数。

　　例如，用来存放某班 10 个学生的成绩的一维数组可定义为

int score[10];

其中 score 是数组名，该数组有 10 个元素，每个元素都是 int 型。

　　一维数组被定义后，编译系统将为该数组在内存中分配一片连续的存储空间，数组在存储时按下标的顺序连续存放元素的值。例如，若有包含 10 个元素的数组 a，其在内存中的存放形式如图 7.1 所示。

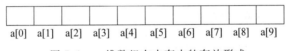

a[0]	a[1]	a[2]	a[3]	a[4]	a[5]	a[6]	a[7]	a[8]	a[9]

图 7.1　一维数组在内存中的存放形式

在定义数组时,常量表达式的值必须是正的整型值,通常是一个整型常量,不能含有变量,即不允许对数组的长度作动态定义。例如,下面这样定义数组是不允许的:

```
int n;
scanf("%d",&n);
int a[n];
```

因为上述数组的长度依赖于程序运行中输入的结果。

另外,相同类型的数组、变量可以共用一个类型说明符一起说明,它们之间用逗号隔开。例如:

```
int a[10],b[5],n;
```

它定义了具有 10 个元素的整型数组 a、具有 5 个元素的整型数组 b 和整型变量 n。

7.1.2   一维数组的使用

数组一经定义就可使用。数组的使用有两种方式:一是逐个引用其数组元素,另一是引用其数组名。

一维数组元素的表示形式为

数组名[下标表达式]

其中,下标表达式可以是整型常量、整型变量及其表达式。C 语言中数组元素下标总是从 0 开始,当数组长度为 n 时,下标表达式的取值范围为 $0,1,2,\cdots,n-1$。例如:

```
int a[10];
```

表明数组有 10 个元素,分别表示为 a[0],a[1],$\cdots$,a[9],但不包含 a[10]。

数组元素的作用和相同类型的简单变量一样,所以对基本类型的变量所能进行的各种运算也都适用于同类型的数组元素。

数组在使用中应注意防止下标越界。C 语言编译系统不作下标是否越界的判断,编程时应注意这一点。

例 7.1   计算一个班学生的平均成绩。

```
#include <stdio.h>
#define N 10
void main()
{
    int score[N],i,sum;
    float average;
    sum=0;
    printf("Please input %d scores.\n",N);
    for(i=0;i<N;i++)
    {
        printf("score[%d]=",i);
        scanf("%d",&score[i]);
```

```
        sum+=score[i];
    }
    average=(float)sum/N;
    printf("Average=%5.2f\n",average);
}
```

运行时出现以下提示信息:

```
PLease input 10 scores.
```

并显示第一个数组元素名和等号,提示用户输入第一个数值。用户输入第一个数值并按
回车键后,程序显示第二个数组元素名和等号……如此进行下去,直到输入完 10 个数值。
本例的具体输入情况如下:

```
score[0]=85
score[1]=70
score[2]=92
score[3]=65
score[4]=80
score[5]=55
score[6]=78
score[7]=90
score[8]=77
score[9]=81
```

结果如下:

```
Average=77.30
```

本例只演示了数据的使用,没有实际意义。它利用 for 循环的控制变量 i 从 0 变化
到 9,printf 语句每次显示数组元素名 score[0]~score[9]和等号,scanf 语句依次接收用
户从键盘输入的成绩,且边接收边累加到 sum 中。

这里要注意,不能一次对整个数组的值进行输入,例如:

```
scanf("%d",&score);
```

是错误的。同样,要输出整个数组的值,也要通过循环逐个输出各个数组元素的值。

7.1.3　一维数组的初始化

C 语言中除了可用赋值语句或输入语句给数组元素赋值外,还可以在定义数组时直
接给数组元素赋初值,这称为数组的初始化。其形式是

存储类　数据类型　数组名[常量表达式]={初始值表};

例如:

```
static int a[5]={1,3,5,7,9};
```

其中，关键字 static 表示数组 a 为静态存储类，有关存储类的概念将在 8.6.2 节中介绍。大括号中各常量是对应的数组元素的初始值，经过上面的初始化后，数组 a 的各元素就被赋予以下的初始值：

$$a[0]=1 \quad a[2]=3 \quad a[2]=5 \quad a[3]=7 \quad a[4]=9$$

C 语言在定义数组时也可以不指定数组长度，其长度可由系统根据初始值表中初始值的个数隐式确定。因此，上面的数组定义也可写成

```
static int a[]={1,3,5,7,9};
```

初始值表中的初始值个数可以小于数组的长度，这时初始值只赋予数组前面的若干个元素，其后的元素的初始值根据类型自动设置为 0（整型）或'\0'（字符型）。例如：

```
int b[4]={2,4,6};
```

则表示 b[0]=2，b[1]=4，b[2]=6，b[3]=0。

注意：C 语言在编译程序时不检查下标的范围。当下标超出范围时，程序可能出现不可预知的执行结果。下标超出范围的原因之一是：忘记数组的索引是从 0 到 n−1，而不是从 1 到 n。例如：

```
int a[10],i;
for(i=1;i<=10;i++)
    a[i]=0;
```

对于某些编译器来说，这个表面上正确的 for 语句可能产生一个无限循环。当变量 i 的值变为 10 时，程序将数值 0 存储在 a[10] 中。但是 a[10] 这个元素是不存在的，如果在内存中变量 i 正好放置在 a[9] 的后边（这是有可能的），i 会在 a[9] 被赋值之后立刻被赋予 0，相当于又重新执行了 i=0，进而导致循环重新开始。

例 7.2 用数组来计算 Fibonacci 数列。

Fibonacci 数列满足以下递归关系：

$$\begin{cases} f_0 = 1, f_1 = 1 \\ f_i = f_{i-1} + f_{i-2} \quad i \geqslant 2 \end{cases}$$

可定义一个一维数组来存放该数列，并将前两个元素赋予初始值{1,1}，然后利用循环求出数列的任意项。

程序如下：

```
#include <stdio.h>
#define N 10
void main()
{
    int i;
    static int f[N]={1,1};
    for(i=2;i<N;i++)
        f[i]=f[i-1]+f[i-2];
    for(i=0;i<N;i++)
```

```
    printf("%6d",f[i]);
}
```

运行结果：

```
1    1    2    3    5    8    13    21    34    55
```

C 语言的早期版本只能对全局或静态的数组初始化，但目前的大多数系统（例如 Turbo C 2.0)已取消了这一限制。

7.2 二维数组

C 语言允许定义和使用多维数组，其中最简单、最常用的是二维数组。三维以上数组的使用可参考二维数组。

7.2.1 二维数组的定义

二维数组具有两个下标，它的定义形式为

类型说明符 数组名[常量表达式 1][常量表达式 2];

例如：

```
int a[3][4];
```

定义了一个具有 3 行 4 列的数组 a,共有 12 个元素，每个元素都是整型。

二维数组的第一个下标表示行，第二个下标表示列。与一维数组类似，二维数组的每个下标都从 0 开始，例如，上述数组的元素是

$$a[0][0]\quad a[0][1]\quad a[0][2]\quad a[0][3]$$
$$a[1][0]\quad a[1][1]\quad a[1][2]\quad a[1][3]$$
$$a[2][0]\quad a[2][1]\quad a[2][2]\quad a[2][3]$$

由上面的定义方式，也可以把二维数组看成一维数组，它的元素又是一维数组。例如，可以把 a 看作一维数组，它有 3 个元素：a[0]、a[1]、a[2],而每个元素又是包含 4 个元素的一维数组，如图 7.2 所示。

$$a[0] \rightarrow a[0][0]\quad a[0][1]\quad a[0][2]\quad a[0][3]$$
$$a[1] \rightarrow a[1][0]\quad a[1][1]\quad a[1][2]\quad a[1][3]$$
$$a[2] \rightarrow a[2][0]\quad a[2][1]\quad a[2][2]\quad a[2][3]$$

图 7.2 二维数组的结构

二维数组的元素在内存中的存储顺序是按行进行的，即在内存中先顺序存放第一行元素，再存放第二行元素……

7.2.2 二维数组的初始化

二维数组同样可以在定义时对其元素进行初始化。例如：

```
static int a[2][3]={1,3,5,7,9,11};
```

初始化后各元素的初始值如图 7.3 所示。

1	3	5	7	9	11
a[0][0]	a[0][1]	a[0][2]	a[1][0]	a[1][1]	a[1][2]

图 7.3　二维数组的初始化

这里要特别注意初始值表中的数据排列顺序应与数组各元素在内存中的存储顺序相对应。

同样也可以为二维数组部分元素赋初始值。例如：

```
static int a[2][3]={1,3,5};
```

它只为前面几个元素赋初始值，即

$$a[0][0]=1 \quad a[0][1]=3 \quad a[0][2]=5$$

而其余元素的初始值将自动置为 0。

对于二维数组，还可以采用{}嵌套，分别对各行赋初始值。例如：

```
static int a[2][3]={{1,3,5},{7,9,11}};
```

其中{1,3,5}对第 0 行 3 个元素赋初始值，{7,9,11}对第 1 行 3 个元素赋初始值。

用这种方法，同样可以对每行中的部分元素赋初始值。例如：

```
static int a[3][2]={{1},{3},{5}};
```

它的作用是只对各行第一列元素赋初始值，即

$$a[0][0]=1 \quad a[1][0]=3 \quad a[2][0]=5$$

而其余元素的初始值将自动置为 0。

C 语言在定义二维数组时，允许第一维的长度(即行数)省略。例如：

```
static int a[][3]={1,3,5,7,9,11};
```

这时系统根据初始值的个数(6)和列数(3)，就可以确定行数(2)。

在按行为二维数组赋初始值时，也可省去第一维的长度。例如：

```
static int a[][3]={{1},{0,2},{3,2,1}};
```

显然这是一个 3 行 3 列的二维数组。

7.2.3　二维数组的引用

二维数组元素的引用形式是

数组名[下标表达式 1][下标表达式 2]

其中，下标表达式可以是整型常量、整型变量或整型表达式。

注意：不要把 m[i][j]写成 m[i,j]。如果这样写，C 语言会把逗号看成是逗号运算符，m[i,j]等同于 m[j]。

二维数组元素的作用和同类型的简单变量相同,对基本类型的变量所能进行的各种操作,也都适用于同类型的二维数组元素。

例 7.3　编程实现二维数组的输入输出。

```
#include <stdio.h>
void main()
{
    int i,j,a[2][3];
    for(i=0;i<2;i++)
        for(j=0;j<3;j++)
            scanf("%d",&a[i][j]);
    for(i=0;i<2;i++)
        for(j=0;j<3;j++)
            printf("a[%d][%d]=%d\n",i,j,a[i][j]);
}
```

运行时输入

1 2 3 4 5 6

结果如下:

```
a[0][0]=1
a[0][1]=2
a[0][2]=3
a[1][0]=4
a[1][1]=5
a[1][2]=6
```

程序中二维数组的输入输出,一般需要两层循环。例如例 7.3 中采用按行输入输出,即先输入输出第 1 行,再输入输出第 2 行,依此类推。

例 7.4　有一个 3 行 4 列的整型矩阵,编程输出每一行的最小值。

```
#include <stdio.h>
void main()
{
    int i,j,min[3];
    static int a[3][4]={{1,5,3,2},{7,4,9,2},{8,6,7,2}};
    for(i=0;i<3;i++)
    {
        min[i]=a[i][0];
        for(j=1;j<4;j++)
            if(min[i]>a[i][j])
                min[i]=a[i][j];
    }
    for(i=0;i<3;i++)
```

```
    printf("min[%d]=%d\n",i+1,min[i]);
}
```

运行结果：

```
min[1]=1
min[2]=2
min[3]=2
```

7.3　字符数组和字符串

　　用来存放字符型数据的数组称为字符数组。C 语言没有独立的字符串类型,字符串的存放与处理是通过字符数组进行的。字符数组同其他类型的数组一样,既可以是一维的,也可以是多维的。

7.3.1　字符数组的定义

　　一维字符数组的定义形式是

char　数组名[常量表达式];

其中,char 是数组的类型,常量表达式的值给出字符数组的长度,即字符的个数,字符数组的每一元素存放一个字符。例如:

char c[5];

定义 c 是一个一维字符数组,有 5 个元素。

　　字符数组也可以在定义时进行初始化。例如:

static char c[5]={'C','h','i','n','a'};

　　图 7.4 给出了数组 c 赋初始值后的状态。

　　字符数组的长度也可由初始值来确定。例如:

static char c[]={'C','h','i','n','a'};

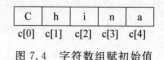

图 7.4　字符数组赋初始值

字符数组 c 的长度为 5。

　　初始值表中初始值的个数可以少于数组元素的个数,这时只有数组的前几个元素被赋予初始值,剩下的元素被自动赋予'\0'。

　　C 语言二维字符数组的定义形式为

char 数组名[常量表达式 1][常量表达式 2];

　　例如:

char c[3][15];

它定义 c 是一个 3 行 15 列的二维字符数组。

7.3.2 字符串

1. 字符串的表示

在 C 语言中,字符串是用双引号括起来的字符序列。C 语言没有字符串类型变量,字符串的存放与处理通常利用字符数组进行。

一般情况下,字符数组的长度和字符串的实际长度是不同的,人们往往关心的是字符串的实际长度,为此 C 语言规定以字符'\0'作为字符串的结束标志,当遇到字符'\0'时表示字符串结束,实际的字符串由'\0'前面的字符组成。

系统对字符串常量也自动加一个'\0'作为结束符,'\0'称为空字符,空字符是一个所有位都为 0 的字节,因此用转义序列\0 来表示。

注意:不要混淆空字符('\0')和字符 0('0')。空字符的 ASCII 码值为 0,而字符 0 的 ASCII 码值为 48。

图 7.5 字符串'China'的存储

例如,字符串"China"有 5 个字符,但在内存却占 6B,最后一个字节存放'\0',如图 7.5 所示。

值得指出的是,'\0'是 ASCII 码值为 0 的字符,它不是一个可显示的字符。

前面已介绍了对字符数组赋初始值的方法,即逐个地将字符赋予各元素。C 语言允许用一个字符串常量来初始化一个字符数组。例如:

```
static char c[]={"China"};
```

指定字符串后,字符串中各个字符逐个赋予字符数组各元素,系统自动地在字符串后加上一个'\0',也一并放入数组中。这样初始化后,数组的长度是 6 而不是 5。

初始化的形式还可进一步简化,即省去外面的大括号。例如:

```
static char c[]="China";
```

注意:当声明用于存放字符串的字符数组时,要始终保证数组的长度比字符串的长度多一个字符。这是因为 C 语言规定每个字符串都要以空字符结尾。如果没有给空字符预留位置,可能会导致程序运行时出现不可预知的结果,因为 C 函数库中的函数假设字符串都是以空字符结束的。

例 7.5 检测某一给定字符串的长度。

```
#include <stdio.h>
void main()
{
    int i=0;
    static char str[]={"C Language"};
    while(str[i]!='\0')
        i++;
    printf("The length of string is %d.",i);
}
```

运行结果:

The length of string is 10.

2. 字符串的输入输出

字符串是存放在字符数组中的,因此字符串的输入输出就是字符数组的输入输出。

字符串的输入输出有两种格式:一种采用%c 格式符,另一种采用%s 格式符。

用%c 格式符逐个字符输入输出,每次输入或输出一个字符,这种输入输出方式和一般数组的输入输出相同。

用%s 格式符将整个字符串一次输入。例如:

```
char str[15];
scanf("%s",str);
```

由于数组名代表数组的起始地址,因此 scanf 函数中只需写数组名 str,而不能在数组名 str 前再加取地址符 &。

从键盘输入字符串,在按下回车键后,它前面的字符作为字符串输入,系统自动在字符串后加上'\0'。例如,输入字符串为"China"5 个字符,则字符数组中字符个数应为 6。

C 语言规定用 scanf 输入字符串时,以空格或回车符作为字符串的分隔符,因此如果输入的字符串中包含空格,将只把空格前的部分字符赋予数组。例如输入

Who are you?

这时仅将"Who"作为一个字符串输入。若要输入上述整个字符串,可定义 3 个数组,用如下语句输入:

```
scanf("%s%s%s",str1,str2,str3);
```

例 7.6　输入一行字符并输出。

```c
#include <stdio.h>
void main()
{
    int i=0;
    char str[80],C;
    while((C=getchar())!='\n')
        str[i++]=C;
    str[i]='\0';
    printf("%s\n",str);
}
```

运行时输入

C Language

结果如下:

C Language

由于一行中可能有空格,所以不能用 scanf 函数和 s 格式符输入整个一行。程序中 while 循环和 getchar 函数逐个输入字符,当遇到'\n'时,不是把它送进数组,而是加上字符串结束标志'\0'构成一个字符串。最后用 printf 函数和 s 格式符将其输出。

3. 常用的字符串处理函数

C 语言编译系统提供了许多用于字符串处理的函数,常用的有以下几个函数。

1) 字符串输入函数 gets

gets 函数用来接收从键盘上输入的一个字符串,它读入全部字符(包括空格),直到遇到回车符为止。其调用形式为

```
char str[20];
gets(str);
```

其中 str 是字符数组名,输入的字符串就存放在数组 str 中。

使用 gets 函数,需要用♯include 命令将 stdio.h 头文件包含到源文件中。

2) 字符串输出函数 puts

puts 函数用来输出一个字符串,其调用形式是

```
puts(str);
```

其中 str 是存放字符串的字符数组。

使用 puts 函数,需要用♯include 命令将 stdio.h 头文件包含到源文件中。

3) 字符串复制函数 strcpy

strcpy 用来复制一个字符串,其调用形式为

```
strcpy(str1,str2);
```

其中,str1 是字符数组名,str2 可以是字符串常量或字符数组名。该函数把 str2 的字符串复制到 str1 字符数组中。字符数组 str1 的长度不应小于 str2 的长度(包括'\0')。

使用 strcpy 函数,需要用♯include 命令将 string.h 头文件包含到源文件中。

注意:在 strcpy(str1,str2)的调用中,strcpy 函数无法检查 str2 指向的字符串的大小是否真的适合 str1 指向的数组。假设 str1 指向的字符串长度为 n,而 str2 指向的字符串中的字符数不超过 $n-1$,那么复制操作就可以完成。但是如果 str2 指向的字符串中的字符数超过了 $n-1$,那么结果就无法预料了(因为 strcpy 函数会一直复制到第一个空字符为止,所以它会超过 str1 指向的数组边界继续复制)。

因此,字符数组 str1 的长度不应小于字符串 str2 的长度(包括'\0')。

4) 字符串比较函数 strcmp

strcmp 函数的作用是比较两个字符串,其调用形式是

```
strcmp(str1,str2)
```

字符串的比较规则是将两个字符串的对应字符按 ASCII 码值的大小逐个比较,直到出现不同的字符或遇到'\0'为止,以第一个不相同的字符的比较结果作为整个字符串的比

较结果,只有两个字符串的对应字符全部相等,才能认为两个字符串相等。比较的结果由函数值返回,具体如下:

- 如果 str1 等于 str2,函数值为 0。
- 如果 str1 小于 str2,函数值为负。
- 如果 str1 大于 str2,函数值为正。

要特别注意,两个字符串不能直接相比。例如:

```
if(str1==str2) …
```

这是错误的,只能用

```
if(strcmp(str1,str2)==0) …
```

使用 strcmp 函数,需要用♯include 命令将 string. h 头文件包含到源文件中。

5) 字符串连接函数 strcat

strcat 函数用来连接两个字符数组中的字符串,其调用形式是

```
strcat(str1,str2);
```

strcat 函数把 str2 连接到 str1 后面,并在最后加一个'\0',结果放在 str1 中。

这里需要注意,字符数组 str1 必须足够长,以便容纳两个字符串中的全部字符。

使用 strcat 函数,需要用♯include 命令将 string. h 头文件包含到源文件中。

注意:如果 str1 指向的数组没有大到足以容纳 str1 和 str2 中的字符串,那么调用 strcat(str1,str2)的结果将是不可预测的。考虑下面的例子:

```
char str1[6]="abc";
strcat(str1,"def");
```

strcat 函数试图把 d、e、f 和'\0'添加到 str1 中已存储的字符串的末尾。但是,str1只能容纳 6 个字符,这导致了 strcat 函数向 str1 中字字符的时候超出发数组末尾。

6) 字符串长度函数 strlen

strlen 函数用于测试字符串的长度,函数值为字符串的实际长度。其调用形式是

```
strlen(str)
```

例如:

```
static char str[10]="China";
printf("%d",strlen(str));
```

输出结果为 5。

7.4　应用举例

例 7.7　统计输入的正文中有多少行、多少单词、多少字符。

这里单词是指用空白符隔开的字符串。C 语言中的空白符有空格、制表符和换行符。

在程序中,nl、nw、nc 分别用来对行、单词和字符进行计数;inword 用来记录当前字符是否出现在单词中;EOF 表示正文的结束,由系统提供。

```
#include <stdio.h>
#define YES 1
#define NO  0
void main()
{
    int C,nl,nw,nc,inword;
    inword=NO;
    nl=nw=nc=0;
    while((C=getchar())!=EOF)
    {
        nc++;
        if(C=='\n')
            nl++;
        if(C==' '||C=='\n'||C=='\t')
            inword=NO;
        else
            if(inword==NO)
            {
                inword=YES;
                nw++;
            }
    }
    printf("%6d%6d%6d\n",nl,nw,nc);
}
```

程序的难点是单词的计数,实现方法是使用 inword(用来表示"是否在单词中")标志。注意循环体中的 if 语句。如果当前字符是空白符,置 inword 为 NO,表示不在一个单词之中。如果当前字符不是空白符要看 inword 的当前值,如果 inword 为 NO,表明前一个字符是空白符,则当前字符是新单词的开始,单词数加 1,并置 inword 为 YES,表示已处于单词中;如果 inword 为 YES,则当前字符不是新单词的开始,不做单词数加 1 的运算。

例 7.8　利用冒泡法对输入的 20 个整数由小到大进行排列。

冒泡法排序的思路是:从第一个数开始,对相邻的两个数进行比较。如果前一个数大于后一个数,则相互交换位置,否则继续往后比较,这样对要排序的数列经过第一遍扫描后,最大的数就移到整个数列的最后;再按此方法,对剩下的数进行第二遍扫描,次大的数就移到倒数第二的位置;重复上述过程,直到排序结束。

```
#include <stdio.h>
void main()
{
    int a[20],i,j,t;
    for(i=0;i<20;i++)
```

```
        scanf("%d",&a[i]);
    for(i=0;i<19;i++)
        for(j=0;j<19-i;j++)
            if(a[j]>a[j+1])
            {
                t=a[j];
                a[j]=a[j+1];
                a[j+1]=t;
            }
    for(i=0;i<20;i++)
    {
        if(i%5==0) printf("\n");
        printf("%6d",a[i]);
    }
}
```

运行时输入以下数:

1 3 5 7 9 11 13 15 17 19 2 4 6 8 10 12 14 16 18 20

结果如下:

1	2	3	4	5
6	7	8	9	10
11	12	13	14	15
16	17	18	19	20

例 7.9　将一个四阶矩阵转置。

矩阵转置是把矩阵的行和列互换,即把矩阵按主对角线翻转。例如:

$$
\begin{matrix}
1 & 2 & 3 & 4 \\
5 & 6 & 7 & 8 \\
9 & 10 & 11 & 12 \\
13 & 14 & 15 & 16
\end{matrix}
\xrightarrow{\text{转置}}
\begin{matrix}
1 & 5 & 9 & 13 \\
2 & 6 & 10 & 14 \\
3 & 7 & 11 & 15 \\
4 & 8 & 12 & 16
\end{matrix}
$$

可见主对角线上的元素转置后并不改变,而其余元素以主对角线为对称轴相互交换了位置:

a[0][1]与 a[1][0]　　a[0][2]与 a[2][0]　　a[0][3]与 a[3][0]

a[1][2]与 a[2][1]　　a[1][3]与 a[3][1]

a[2][3]与 a[3][2]

写成一般形式,即 a[i][j]与 a[j][i]。

程序如下:

```
#include <stdio.h>
void main()
{
    int a[4][4],i,j,t;
```

```
for(i=0;i<4;i++)
    for(j=0;j<4;j++)
        scanf("%d",&a[i][j]);
for(i=0;i<3;i++)
    for(j=i+1;j<4;j++)   /*注意循环是从 i+1 开始的*/
    {
        t=a[i][j];
        a[i][j]=a[j][i];
        a[j][i]=t;
    }
for(i=0;i<4;i++)
{
    for(j=0;j<4;j++)
        printf("%5d",a[i][j]);
    printf("\n");
}
}
```

运行时输入以下 4 行数字：

```
1    2    3    4
5    6    7    8
9   10   11   12
13  14   15   16
```

结果如下：

```
1    5    9   13
2    6   10   14
3    7   11   15
4    8   12   16
```

7.5　习　　题

1. 将 20 个整数存入数组,统计其中的正数、负数及零的个数。

2. 从键盘为一个 4 行 5 列的整型数组输入数据,并将每行的最大值显示出来。

3. 现有一个已排好序(从小到大)的一维数组,输入一个数,将该数按原来的排序规则插入适当的位置。

4. 输入一个字符串,统计该字符串中字母、数字、空格和其他字符的个数。

5. 有以下多项式

$$P_n(x) = a_0 x^n + a_1 x^{n-1} + \cdots + a_n$$

系数 $a_0, a_1, \cdots, a_n$ 存放在一个一维数组中。编写程序,输入系数和 x 的值,计算并输出 $P_n(x)$。

6. 打印以下的杨辉三角形(要求打印 6 行)。

```
                1
                1  1
                1  2  1
                1  3  3  1
                1  4  6  4  1
                1  5  10 10 5  1
```

7. 编写程序,将一个数组中的值按原顺序的逆序重新存放。例如,原来顺序为 6、3、5、2、4、1,要改为 1、4、2、5、3、6。

8. 从键盘输入一个字符串,并将其复制到另一个字符数组(不用 strcpy 函数)。

9. 输入 3 个字符串,输出其中最小的字符串。

10. 分析下列程序,并给出运行结果。

(1)
```c
#include <stdio.h>
void main()
{
    char str[80],C;
    int i,count;
    printf("Input a string:\n");
    gets(str);
    printf("Input a character:\n");
    C=getchar();
    count=0;
    for(i=0;str[i]!='\0';i++)
        if(C==str[i])
            count++;
    printf("Count=%d\n",count);
}
```

(2)
```c
#include <stdio.h>
void main()
{
    char str[80],C;
    int i,j;
    printf("Input a string:\n");
    gets(str);
    printf("Input a character:\n");
    scanf("%c",&C);
    for(i=0,j=0;str[i]!='\0';i++)
        if(str[i]!=C)
            str[j++]=str[i];
    str[j]='\0';
    printf("%s\n",str);
}
```

第 **8** 章 函　　数

　　函数是 C 程序中的基本单位,是模块化程序设计的基础。一个 C 程序无论规模多大,问题多复杂,最终都将落实到每个函数的设计与编写上。

　　本章重点:掌握函数的定义与说明、函数的几种类型及调用格式、实参与形参的对应规则以及变量的作用域与存储类型。

8.1　C 程序与函数

　　C 程序是由一个或多个函数组成的,函数是一个相对独立的、完成某一特定功能的程序模块。

　　例 8.1　一个简单的 C 程序。

```
#include <stdio.h>
float max(float x,float y);      /* max 函数的说明 */
void main()
{
    float a,b,c;
    scanf("%f,%f",&a,&b);
    c=max(a,b);                  /* max 函数调用 */
    printf("max=%f\n",c);
}

float max(float x,float y)       /* max 函数的定义 */
{
    float z;
    if(x>y) z=x;
    else    z=y;
    return(z);
}
```

　　运行时输入:

　　10,20

结果如下：

```
max=20.000000
```

这个程序涉及以下函数：

(1) main 函数。这是每个 C 程序都必须有的最基本的函数,且只能有一个。它的名字是由系统命名的。运行一个 C 程序,总是从 main 函数开始,在调用其他函数后,流程回到 main 函数。

main 函数在程序中起主控作用,它能调用其他函数,而不能为其他函数所调用。

(2) 库函数。由系统提供的标准函数,这种函数不需要用户定义就可直接使用,如 scanf、printf 函数。不同的 C 语言编译系统都提供了一些库函数供用户使用,Turbo C 2.0 提供的库函数就有 400 多个。ANSI C 标准提出了一批建议提供的库函数。用户应学会如何使用这些函数,了解这些函数的功能、调用参数、返回值以及使用这些函数时所必须包含的头文件。

(3) 用户自定义函数,例如上面程序中的 max 函数。这种函数是由用户按照函数的格式和指定的功能自己进行设计和定义的,这是 C 程序设计的主要工作之一。

在 C 程序中,函数之间是平等的,没有从属关系,不允许在一个函数中再定义另一个函数。main 函数可以调用其他函数;其他函数之间可以互相调用,但不能调用 main 函数。在由多个函数构成的 C 程序中,各个函数定义的顺序是任意的,并不影响程序的执行顺序,主函数 main 不一定要位于程序的开头位置。

C 语言中的函数为程序的层次结构提供了有力的支持。图 8.1 为 C 程序的模块结构示意图。它是按照"自顶向下,逐步求精"的方法形成的。图中矩形表示功能模块,都具有相对独立的单一功能,可以用一个函数来实现;连接矩形框的箭头表示模块间的调用关系。

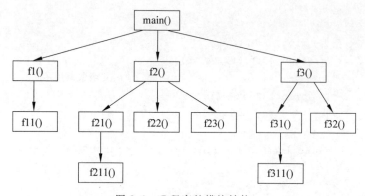

图 8.1 C 程序的模块结构

一个小的 C 程序可以只含一个 main 函数。而一个较大的 C 程序可能包含较多的函数,一般不希望把所有的函数都写在一个源文件中,而是把它分成若干源文件,每个源文件包含若干个函数,再把若干个源文件组合成一个 C 程序,一个源文件是一个编译单位。这样做有利于程序的分工编写、分别编译。有的源文件还可以被多个 C 程序所共用。

一个函数从设计到使用,涉及 3 个方面:函数定义、函数说明和函数调用。下面各节将详细叙述。

8.2　函数的定义和说明

在调用函数之前,必须先对函数进行定义和说明。

8.2.1　函数的定义

函数定义就是设计一个函数,按函数的格式实现其规定的功能。函数定义包括函数类型、函数名、形式参数表和函数体。C 程序函数定义的一般格式如下:

```
类型说明符 函数名(形参表)
{
    函数体
}
```

例如,例 8.1 中 max 函数的定义如下:

```
float max(float x,float y)
{
    float z;
    if(x>y) z=x;
    else    z=y;
    return(z);
}
```

该函数定义又分两部分:一部分为函数头,其中开头的 float 是函数的类型,max 是函数名,小括号中的"float x,float y"是形参表;另一部分为函数头下面大括号内的代码,即函数体。

1. 函数头

函数头包括函数类型、函数名及形式参数表。

1) 函数类型

函数类型即函数返回值的类型。函数可以是 C 语言中规定的所有类型。如省略函数类型,则按 int 型处理。有的函数只用来完成某一操作,并不需要返回值,这时可不必指定它的类型。在 ANSI C 标准中,把无返回值的函数类型规定为 void,以明确表示它不返回值。例如,函数 spc 只用来输出 n 个空格,不返回值,可定义为

```
void spc(int n)
{
    int i;
    for(i=0;i<n;i++)
        printf(" ");
}
```

2) 函数名

函数名用标识符表示,用来标识一个函数。函数名后面必须有一对小括号。除 main 函数外,其他函数可以按标识符规则任意命名,程序风格要求函数名是能反映函数功能、有助于记忆的标识符。

3) 形参表

形参表置于函数名后面的小括号内,由 0 个、1 个或多个参数组成,参数之间用逗号分隔,参数必须有类型说明。它的作用是表示将从主调函数接收哪些类型的数据。例如:

```
float max(float x,float y)
```

表示将从主调函数中接收两个 float 型数据,分别赋予形参 x 和 y。

上面介绍的是 ANSI C 新标准的写法,即把形参的类型也写在小括号内的形参表中。旧的标准把形参的类型说明放在小括号之外,函数体之前。例如:

```
float max(x,y)
float x,y;
{
    ...
}
```

在 Turbo C 中,两种写法都是允许的。本书中一般都采用 ANSI C 标准,建议读者也采用该标准。

形参是函数与外界联系的接口。必须正确无误地写出形参的名字与类型,才能与主调函数中调用语句的实参交换数据。

C 语言中的函数如果不需要通过形参传递数据,则可定义成无参函数,参数表为空或只写 void。例如:

```
void print_star(void)
{
    ...
}
```

开头的 void 表示函数不返回值,参数表中的 void 表示这是无参函数。

需要指出,函数的形参虽在函数体外说明,但它们与在函数体内说明的变量一样,是函数的内部变量,只有当函数被调用时,系统才临时为它们分配存储单元,以便从主调函数获得值。调用结束后,形参所占的存储单元被系统收回。

2. 函数体

函数体是函数头下面最外层一对大括号内的代码,它是由一系列语句构成的,用以实现函数的功能。函数体内可以有函数说明、变量说明以及可执行语句。

函数体也可以是一对空的大括号。例如:

```
void dummy(void)
{
}
```

这是一个空函数,调用它并不产生任何有效的操作,但却是一个符合 C 语言语法的合法函数。在程序开发过程中,通常先开发主要函数,一些次要的函数或有待以后扩充和完善功能的函数暂时写成空函数,使程序可以在不完整的情况下调试部分功能。

函数体内说明的变量是局部变量。该变量只在本函数内有效,一出了本函数就无效了,因此各个函数中的变量可以同名,只要考虑是否适合本函数的需要就行了。

当函数执行到 return 语句或执行完函数体的所有语句时,流程回到主调函数。函数返回有以下几种情况:

(1) return(e),e 是一个表达式。return 是函数执行的最后一个操作。它的意义是:函数本次调用结束,流程返回到主调函数,在调用期间为变量分配的存储单元被释放,同时把函数返回值(即表达式 e 的值)返回到主调函数的调用表达式中。例如:

```c
float max(float x,float y)
{
    float z;
    z=x>y?x:y;
    return(z);
}
```

该函数的 return 语句返回一个表达式的值。

(2) return 后面不带表达式,无返回值,函数只是执行某一操作,这时流程直接返回到主调函数的调用处。例如:

```c
void spc(int n)
{
    int i;
    for(i=0;i<n;i++)
        printf(" ");
    return;
}
```

该函数只执行输出 n 个空格操作,不返回任何值,因而定义为 void 型。

(3) 执行完函数体,流程自动返回到调用点,这时不返回任何值。例如,上面的程序段也可写成

```c
void spc(int n)
{
    int i;
    for(i=0;i<n;i++)
        printf(" ");
}
```

(4) 一个函数中可以有多个 return 语句。例如,例 8.1 中的 max 函数也可写成

```c
float max( float x, float y)
{
```

```
    if(x>y)
        return(x);
    else
        return(y);
}
```

一般 return 语句中表达式的类型与函数定义的类型是一致的；如不一致，则以函数定义类型为准。对数值型数据可以自动进行类型转换，由函数类型决定返回值的类型。

8.2.2 函数的说明

前面介绍过，在 C 程序中，除 main 函数外，函数之间是平等的，可以互相调用。函数定义之后就可以被调用，但如果没有函数说明，C 语言只允许后面定义的函数调用前面已定义的函数。例如，如果将例 8.1 的第 3 行去掉，则程序不能正确编译执行。如果想要让前面定义的函数也能调用后面定义的函数，则必须在调用之前先对被调函数进行函数说明，如例 8.1 的第 3 行。现在有些编译系统取消了上述限制，即允许函数在定义之前被调用，但在程序的前部对所有函数进行说明是一个好的编程习惯。

函数说明与函数定义不是一回事。函数定义是指对函数功能的确定，包括指定函数类型、函数名、形参和函数体，是一个完整的程序单位；而函数说明则只是指明函数类型、函数名及形参的个数、类型和排列顺序，如例 8.1 中的第 3 行：

```
float max(float x,float y);
```

是对 max 函数的说明，说明该函数的类型是 float 型，有两个形参，都为 float 型。函数说明的目的是给编译系统提供函数调用时的信息，只有符合这些条件的函数才能调用。函数说明的一般格式为

```
函数类型  函数名(形参表);
```

它说明了一个函数，也称提供了函数的原型(prototype)，因为它反映了函数类型、函数名和形参的个数、类型和顺序。说明形参的名字是不重要的，可以不写。例如，max 函数说明也可写成

```
float max(float,float);
```

函数说明通常出现在程序的开头，第一个函数定义之前，也可放在主调函数的开头。有了函数说明，编译系统就对函数的每次调用进行检查，将函数说明和函数调用进行对比，以保证调用时使用的参数、类型、返回值类型都是正确的。

函数原型是 ANSI 新标准所要求的，旧的标准只是说明函数名和返回类型。例如：

```
float max();
```

这样在编译时只对函数名和返回值类型进行检查，而对参数类型不作检查。Turbo C 系统支持 ANSI C 新标准，也允许用旧标准定义和说明函数。为了程序的安全性，建议读者用 ANSI C 新标准。

C 语言还规定,在下列情况下,可以省去函数说明:

(1) 在定义函数时,函数名前没有类型说明的函数,包括返回值为 int 型的函数。

(2) 先定义后调用的函数。例如,在例 8.1 中,把 max 函数定义放在 main 函数之前,则程序前面的 max 函数说明就可省去了。

8.3　函数的调用

要执行一个函数的功能,必须调用这个函数。

8.3.1　函数调用的格式

函数调用的一般格式如下:

函数名(实际参数表)

如果是无参函数,没有实参表,但括号必须保留;如果有多个实参,则用逗号隔开。调用时实参与形参应保持一致,即个数相等,类型相同,顺序一致。

函数调用的执行过程是:首先计算每个实参表达式的值,并把该值传递给对应的形参,然后转入函数体中执行函数体中的语句,当执行到 return 语句或者作为函数体结束的右大括号时,表示函数体执行结束,这时流程再返回到主调函数中。

函数调用可以有以下两种方式:

(1) 函数语句。

把函数调用作为一个语句。例如:

```
spc(10);
```

通常不要求函数返回值,只要求完成一定的操作。

注意:如果丢失小括号,那么将无法进行函数调用。例如:

```
printf_pun;        /***WRONG***/
```

这样的语句不起任何作用。一些编译器会发出一条类似"statement with no effect"的警告。

(2) 函数表达式。

这时函数调用出现在一个表达式中,要求函数返回一个值以参加表达式的运算。例如:

```
c=max(a,b);
```

在函数调用中还应注意以下几点:

(1) C 语言没有规定实参表中实参表达式求值的顺序,这取决于具体的系统,例如 Turbo C 对实参求值的顺序为自右至左。实参是按自左至右还是自右至左计算值,有时会使函数调用产生不同的结果。例如:

```
p=f(i,++i);
```

设 i 原值为 1。若按自左至右计算,调用相当于 f(1,2);若按自右至左计算,调用就相当于 f(2,2)。这种情况使得程序的通用性受到影响,因此要避免这种二义性,就不要使一个变量与这个变量的自加或自减运算出现在同一实参表中。如果将上述调用改为如下形式,则不会出现二义性:

```
j=i;
k=++i;
p=f(j,k);
```

(2) 函数调用时,被调用函数可以是库函数或用户自定义函数。如果是库函数,一般要在本文件的开头加上头文件。例如,前面例子中经常用的

```
#include <stdio.h>
```

是一个标准输入输出头文件,在 stdio.h 中含有输入输出库函数所用到的一些宏定义信息,如果不包含 stdio.h 文件就无法使用输入输出库中的函数。同样,在调用字符串库函数时,就应该有以下包含命令:

```
#include <string.h>
```

当调用数学库中的函数时,就应该有以下包含命令:

```
#include <math.h>
```

还有其他常用的头文件,请读者参考相关手册。

如果调用的是用户自定义函数,且被调用函数不是在文件中主调函数之前定义的,则在主调函数调用该函数之前,应对被调函数进行说明。

8.3.2　参数的传递

函数调用时,首先需要将实参的数据传递给形参。C 语言中参数的传递都是传值的,即先计算出实参表达式的值,然后把该值传递给形参。

1. 变量作为实参

函数被调用时,系统根据形参类型为每个形参分配存储单元,并将实参的值复制到对应的形参的存储单元中,这时形参就得到了实参的值,这种参数传递方式称为值传递。如图 8.2 所示,形参 x、y 与实参 a、b 各占独立的存储空间,值传递只是把实参 a、b 的值传给形参 x、y,此后函数体中对 x、y 进行操作,可能会使 x、y 的值发生变化,但却不会影响到主调函数中的实参 a、b,即这种参数传递是单向的。请看下面的例子。

例 8.2　编写函数,将两个整数的值交换并输出。

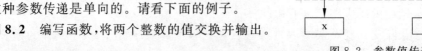

图 8.2　参数值传递

```
#include <stdio.h>
swap(int x,int y)
{
```

```
    int z;
    z=x;x=y;y=z;
    printf("x=%d,y=%d\n",x,y);
}

void main()
{
    int a,b;
    scanf("%d%d",&a,&b);
    swap(a,b);
    printf("a=%d,b=%d\n",a,b);
}
```

运行时输入：

5 9

结果如下：

```
x=9,y=5
a=5,b=9
```

可见，调用 swap 函数后，x、y 的值交换了，而 a、b 的值没有改变，这是值传递的特点。值传递的好处是能减少函数间的相互影响，保持函数的独立性。但有时人们希望从函数参数返回变化了的值，此时值传递就显得无能为力了。这个问题可以通过指针来解决（见第 9 章）。

2. 数组作为实参

C 语言允许把数组元素作为实参，这与把变量作为实参的用法是相同的，是传递数组元素的值，参数传递是单向的。C 语言还允许用数组名作函数参数，它能实现将整个数组在两个函数间传送的功能，在这种情况下，实参数组和形参数组应分别在各自的函数中定义。

例 8.3　冒泡法排序。

```
#include <stdio.h>
void sort(int v[],int n)
{
    int i,j,temp;
    for(i=1;i<=n;i++)
        for(j=0;j<n-i;j++)
            if(v[j]>v[j+1])
                {temp=v[j];v[j]=v[j+1];v[j+1]=temp;}
}

void main()
```

```
{
    int i;
    int a[10]={9,5,3,6,2,7,0,4,8,1};
    sort(a,10);
    for(i=0;i<10;i++)
        printf("%4d",a[i]);
}
```

运行结果：

```
    0  1  2  3  4  5  6  7  8  9
```

本程序用数组名作函数参数。C 语言规定,数组名代表整个数组的首地址,它是一个地址值,这时数据的传送是双向的。开始时,实参数组 a 把数据传递给形参数组 v,经过排序处理,又将形参数组 v 中已排序的数据返回到实参数组 a。

用图示来说明其中的过程。假定数组 a 的首地址为 2000,则数组 a 的各个元素顺序存放在从 2000 开始的单元中,如图 8.3 所示。

	a[0]	a[1]	a[2]	a[3]	a[4]	a[5]	a[6]	a[7]	a[8]	a[9]
a (2000)	9	5	3	6	2	7	0	4	8	1

图 8.3　数组 a 的存储

当 sort 函数被调用时,将实参数组 a 的首地址传递给形参数组 v,于是数组 v 的首地址也变为 2000,各元素放置在从 2000 开始的地址空间中,如图 8.4 所示。

	a[0]	a[1]	a[2]	a[3]	a[4]	a[5]	a[6]	a[7]	a[8]	a[9]
a v	9	5	3	6	2	7	0	4	8	1
	v[0]	v[1]	v[2]	v[3]	v[4]	v[5]	v[6]	v[7]	v[8]	v[9]

图 8.4　形参与实参结合

这样数组 a 与数组 v 就共同占用一段存储空间,开始时,v 数组接收了 a 数组各元素的数据,经执行函数体后,v 数组各元素按由小到大排序,反过来影响到实参数组 a,如图 8.5 所示。

	a[0]	a[1]	a[2]	a[3]	a[4]	a[5]	a[6]	a[7]	a[8]	a[9]
a v	0	1	2	3	4	5	6	7	8	9
	v[0]	v[1]	v[2]	v[3]	v[4]	v[5]	v[6]	v[7]	v[8]	v[9]

图 8.5　执行函数体后数组 a 的变化

从结果中可以看出,形参数组 v 的元素改变后,也使实参数组 a 的各个元素发生改变,似乎这与 C 语言参数传递都是传值的概念有矛盾,实际上并不矛盾! 因为现在传的值是 a 中的地址,调用后作为实参值的地址值并没有改变,改变的只是地址中存放的内容。

可见,通过这种传地址方式,可以间接地带回形参的影响,改变实参的数据。这一点在第 9 章还要作详细讨论。

下面的函数定义是非法的：

```
int sum_array(int a[n], int n)          /***WRONG***/
{
    ...
}
```

编译器会在遇到 int a[n] 时显示出错信息，因为此前它没有见过 n。

8.4　应用举例 1

例 8.4　编写函数，计算 x 的 n 次方的值，其中 n 是正整数。

该函数可以将 x 和 n 作为形参，计算结果通过 return 语句返回主调函数。

函数如下：

```
float power(float x,int n)
{
    int i;
    float pw;
    pw=1;
    for(i=1;i<=n;i++)
        pw * =x;
    return(pw);
}
```

例 8.5　编写函数求 3 个整数的最大公因子。

可先求两个数的最大公因子，然后用这个公因子与第 3 个数再求最大公因子，这样就得到 3 个数的最大公因子。由于要多次求最大公因子，所以应把它写成一个函数。

程序如下：

```
#include <stdio.h>
int gcd(int m,int n);

void main()
{
    int a,b,c,g;
    scanf("%d%d%d",&a,&b,&c);
    g=gcd(a,b);              / * 先求两个数的最大公因子 * /
    g=gcd(g,c);              / * 再与第 3 个数求最大公因子 * /
    printf("gcd=%d\n",g);
}

int gcd(int m,int n)
{
```

```
    int r;
    while(n!=0)
    {
        r=m%n;
        m=n;
        n=r;
    }
    return(m);
}
```

运行时输入：

34 153 85

结果如下：

gcd=17

例 8.6 编写函数,求字符串长度。
程序如下：

```
int strlen(char s[])
{
    int i=0;
    while(s[i]!='\0')
        i++;
    return(i);
}
```

例 8.7 编写函数,把字符串 t 连接到字符串 s 的后面。
程序如下：

```
void strcat(char s[],char t[])
{
    int i,j;
    i=j=0;
    while(s[i]!='\0')
        i++;
    while(s[i++]=t[j++]!='\0')
        ;
}
```

第一个 while 找到字符数组 s 的结束标志'\0'。第二个 while 从 s 的结束处开始复制 t 的内容,直到 t 的全部内容(包括\0)复制到了 s 的后面。当然,应该保证 s 有足够的大小,以便容纳 t 字符串。

例 8.8 从一组数据中找出给定值 key 的位置。
分析:当一组数据无序时,一般采用顺序查找。顺序查找是把给定的值与这组数据中的每个值按顺序进行比较。如果找到，就输出这个值的位置；如果找不到，则输出未找到的信息。

程序如下：

```
#include <stdio.h>
int search(int x[],int n,int key);

void main()
{
    int i,key,index,a[10];
    for(i=0;i<10;i++)
        scanf("%d",&a[i]);
    scanf("%d",&key);
    index=search(a,10,key);
    if(index>=0)
        printf("The index of the key is %d.\n",index);
    else
        printf("Not found!\n");
}

int search(int x[],int n,int key)
{
    int i;
    for(i=0;i<n;i++)
        if(x[i]==key)
            return(i);
    return(-1);
}
```

运行时输入以下数字：

```
15 12 9 5 13 21 7 10 8 19
7
```

结果如下：

```
The index of the key is 6.
```

本程序用数组名作参数，参数传递的是地址值，这样形参数组 x 的元素与对应的实参数组元素占有相同的存储空间，这样一来，参数传递方向是双向的。

8.5 函数的嵌套调用与递归调用

8.5.1 函数的嵌套调用

函数的定义不能嵌套，而函数的调用可以嵌套。一个函数既可以被其他函数调用，同时它又可调用其他函数,这就是函数的嵌套调用。

例 8.9 用牛顿迭代法求一个正实数的平方根。

分析:牛顿迭代法是求解平方根近似值的最简单方法之一,其计算$\sqrt{a}$的迭代公式为

$$r_{n+1} = \frac{1}{2}\left(\frac{a}{r_n} + r_n\right) \quad (n = 0,1,2,\cdots)$$

只要适当选取初始值r_0,便可依次循环计算出$r_1,r_2,\cdots$。n为迭代次数,n越大,r_n的值就越接近$\sqrt{a}$。循环结束的条件可用允许误差来控制,即

$$\mid r_n^2 - a \mid < \varepsilon$$

程序如下:

```
#include <stdio.h>
float sq_rt(float x);
float abs(float x);
void main()
{
    float a;
    printf("a=");
    scanf("%f",&a);
    if(a>0)
        printf("Square_root(%5.2f)=%f\n",a,sq_rt(a));
    else
        printf("Input error!\n");
}

float sq_rt(float x)
{
    float r,eps=1e-5;
    r=1.0;
    while(abs(r*r-x)>=eps)
        r=(x/r+r)/2.0;
    return(r);
}

float abs(float x)
{
    if(x<0)
        x=-x;
    return(x);
}
```

运行时在"a="后输入 2.0,结果如下:

```
Square_root(2.00)=1.414216
```

　　该程序有 3 个函数,它们相互独立,互不从属,但调用是嵌套的:函数 main 调用 sq_
rt 函数,而在 sq_rt 函数中又调用 abs 函数。其
调用过程如图 8.6 所示,程序的执行过程为
①～⑨。

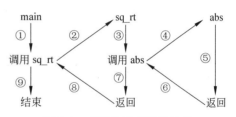

图 8.6　函数的嵌套调用过程

　　对于一个较大的 C 程序,函数的嵌套调用
为自顶向下、逐步求精以及模块化的结构程序
设计技术提供了最基本的支持。一个 C 程序总
是从 main 函数开始,在 main 中可以调用其他
函数,而这些函数又可以调用另外一些函数,如此形成层次结构。在高层只考虑做什么,
进行函数调用,而如何做(即函数的实现)放到下层,越往下,问题越细,功能越单一。所
以,一个 C 程序通常是由许多小函数组成的,它们往往只有几十行甚至几行。

8.5.2　函数的递归调用

　　C 语言规定,函数不仅可以调用其他函数,而且可以直接或间接地调用自身,这称为
递归调用。函数在其函数体中出现对自身的调用,是直接递归调用;函数 A 调用函数 B,
而函数 B 又直接或间接地调用函数 A,是间接递归调用。

　　数学中定义某些概念时常用递归方式。例如自然数可用如下方式定义:

　　(1) 1 是自然数。

　　(2) 自然数加 1 是自然数。

　　又如阶乘也可用递归方式计算:

　　(1) $0!=1$

　　(2) $n!=n(n-1)!$

　　递归定义都有一个特点,就是利用自身来定义自身,例如定义自然数时用到自然数,
定义阶乘时用到阶乘。用递归方式描述问题,必须具备两个条件:

　　(1) 初始定义,至少有一次不须递归调用。

　　(2) 每次递归调用,总是向(1) 转化(收敛性)。

　　例 8.10　用递归算法编写求阶乘的程序。

```c
#include <stdio.h>
long int fact(int n);
void main()
{
    int n;
    printf("n=");
    scanf("%d",&n);
    printf("%d!=%ld\n",n,fact(n));
}

long int fact(int n)
{
```

```
    if(n==0)
        return(1);
    else
        return(n*fact(n-1));
}
```

运行时在"n="后输入 9,结果如下:

9!=362880

以 3!为例来说明递归函数的执行过程,图 8.7 为函数 fact(3)的执行过程。

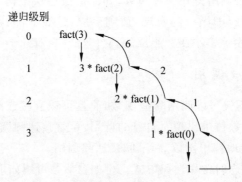

图 8.7　递归计算 3!的过程

由图 8.7 可见,递归从 0 级开始,每递归一次,递归级别加 1,函数参数减 1。当递归到第 3 级时,函数参数为 0,满足了递归结束条件,求得 fact(0)为 1,然后逐级向上反推,依次计算出 fact(1)、fact(2) 和 fact(3),递归回到了 0 级。

用递归的方法描述问题与实际问题的自然表达形式较接近,易于理解和设计,程序清晰易读,所以它已成为 C 程序设计的重要手段。但是在函数被调用时,进出函数次数较多,因而运行效率较低;且每次进出函数都有中间结果要保存,这样还要占去一定的存储空间。因此像阶乘这样一些明显可用递推形式解决的问题,还是不用递归为好。

下面用递推方式编写 fact 函数:

```
long int fact(int n)
{
    long result;
    int i;
    result=1;
    for(i=2;i<=n,i++);
        result *=i;
    return(result);
}
```

这种方法虽没有递归方法那样自然、简洁,但同样易于理解,而且它的执行速度要快得多。但是,有的问题不用递归方法是较难解决的,如 Hanoi 塔问题,有兴趣的读者可参看有关教材。

8.6　作用域与存储类

在 C 语言中,每一个变量或函数都具有 3 个属性:一是类型,一个变量使用前必须说明它所属的类型,如 int、float、char 等,类型规定了变量的取值范围,在内存占用多少字节,可以进行哪种运算;二是作用域,变量的作用域是指变量能够起作用的程序范围,即在什么范围内这个变量是可见的或可访问的,变量的作用域取决于变量说明的位置;三是存储类,是指变量以何种方式存储,不同的存储方式将影响变量的生存时间。

8.6.1　作用域

一个 C 程序由多个函数组成,通常又把函数分别放在若干源程序文件中,一个源程序文件包含一个或几个函数,这样组织有利于大型程序的开发,便于分工编写、分别编译。

程序中的变量可以在所有函数之外说明,也可以在某个函数内说明,还可以在函数体内的某个程序块中说明。变量说明的位置不同,其作用域也不同。

1. 局部变量

在一个函数体内或程序块内说明的变量称为局部变量。局部变量只在说明它的函数体内或程序块内有效,也就是在说明它的函数体内或程序块内是可见的或可访问的,超过这个范围就无效了。例如有以下的示意性程序:

```
float f1(float x)
{
    int i,j;
    …      /*可引用 f1 函数的参数 x 和局部变量 i、j*/
}
char f2(char x,char y)
{
    int i;
    char j;
    …      /*可调用 f1 函数,引用 f2 函数的参数 x、y 和局部变量 i、j*/
}
void main()
{
    int n;
    char c;
    …      /*可调用 f1 函数和 f2 函数,引用局部变量 n、c*/
}
```

上面的程序在 main 中说明了变量 n、c,在 f1 中说明了 i、j,在 f2 中也说明了 i、j,这些变量各自在说明它们的函数体内有效,其他函数不能使用它们。由于这个特点,不同函数可以使用相同的变量名,同一名字在不同函数中代表不同的对象,互不干扰。

另外,函数形参的有效范围也限于函数,如 f1 中的 x 和 f2 中的 x、y,它们都是所在函数的局部量。

在 C 程序中,函数体内可以有程序块,即用大括号括起来的一段程序。有时也可在程序块内说明局部变量供本程序块专用。例如:

```
...
{
    int temp;
    temp=x;
    x=y;
    y=temp;
}
...
```

上例中,变量 temp 只在说明它的程序块中起作用;出了该程序块,标识符 temp 就可另作他用。

这里需要指出,已经在函数体中说明的变量,在函数内的程序块中又重新说明,这时在程序块中是哪个变量在起作用呢? C 语言规定,函数体内说明的变量,如果程序块中没有重新说明,则在程序块中继续有效;如在程序块中重新说明,则在其外的函数体说明的该变量名被隐蔽起来,这时程序块中使用的是块中重新说明的变量。

例 8.11　演示变量作用域。

```c
#include <stdio.h>
void main()
{
    int a=2,b=4,c=6;
    printf("%4d%4d%4d\n",a,b,c);
    {
        int b=8,c=10;
        printf("%4d%4d%4d\n",a,b,c);
        a=b;
    }
    printf("%4d%4d%4d\n",a,b,c);
}
```

运行结果:

```
2    4    6
2    8   10
8    4    6
```

在该程序的函数体内说明了变量 a、b、c,在程序块中又重新说明了 b 和 c,a 没有重新说明,只是改变了它的值。根据上述作用域规则得到 3 种运行结果。

在实际应用中,很少见到在程序块中说明变量的情况,人们习惯地把变量的说明写在函数体的开头部分,每一个函数中说明的变量,其作用域就是这个函数。

2. 全局变量

在函数定义之外定义的变量称为全局变量。全局变量可以在定义它的源文件中被访问，它的有效范围是从定义点开始到本源文件的结束。

在图 8.8 所示的程序中，变量 a、b 都在函数定义之外定义，它们都是全局变量，但它们的有效范围不同，在函数 f1 和 f2 中可直接引用全局变量 a、b，但在 main 中只能直接引用变量 a，不能直接引用变量 b。另外，若在 f2 中定义一个局部变量，与全局变量同名，例如定义了一个局部变量 a，则在 f2 中引用的是自己的局部变量 a，全局变量 a 在 f2 中被隐蔽了。

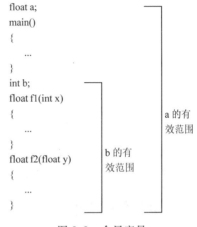

```
float a;
main()
{
    …
}
int b;
float f1(int x)
{
    …
}
float f2(float y)
{
    …
}
```

a 的有效范围

b 的有效范围

图 8.8　全局变量

所有全局变量都是在内存静态存储区分配存储单元的，在程序运行期间一直是存在的。一个全局变量可以被位于它的定义之后的函数直接引用，也可以被位于它的定义之前的函数甚至别的源程序文件中的函数引用，但在引用之前需给出外部变量说明，这将在 8.6.2 节中说明。

在程序中定义全局变量，可以为函数之间的数据联系提供一条直接的途径，或者使一组操作共享一批数据。但从结构化程序设计的观点来看，应尽量减少全局变量的使用。

8.6.2　存储类

变量除了有数据类型外，还有存储类。存储类用来表明一个变量以什么方式存储以及变量的生存时间。在 C 语言中，绝大多数的变量存放在内存中。其中，有的存放在动态存储区中，如形参变量、大多数的局部变量等，对这些数据，函数调用开始时给它们分配存储单元，调用结束时释放这些存储单元，因此它们是在程序执行中动态分配和释放的，其生存时间较短；有的变量存放在静态存储区，如全局变量，程序在开始执行时给它们分配存储单元，直到程序执行完毕才释放存储单元，因此在程序执行期间它们占据固定的存储单元，它们的生存时间长；还有的变量存放在 CPU 的通用寄存器中。因此，对变量和函数除了说明它们的类型，还要说明它们的存储类。

函数的存储类分外部的和静态的。变量的存储类有以下 4 种：自动的、静态的、寄存器的和外部的。

1. 自动变量（auto）

自动变量通常是指在函数体内或程序块内定义的局部变量。在定义自动变量时，可在变量的类型标识符前面加上保留字 auto。C 语言规定，在函数或程序块内定义的变量如果未加存储类说明，都表示自动的，所以保留字 auto 可以省略。例如：

```
main()
{
    auto int i,j;
    auto float a,b;
    …
}
```

也可以省略 auto：

```
main()
{
    int i,j;
    float a,b;
    …
}
```

　　自动变量是在动态存储区内分配存储单元的，函数调用结束时，系统将释放这些单元，自动变量中的数据也就消失了。

2. 静态变量(static)

　　静态变量可以是局部的，也可以是全局的。
　　局部静态变量又称内部静态变量，位于函数体内。与自动变量一样，其作用域是在定义它的函数或程序块内，但它被存放在内存的静态存储区中。在程序执行过程中，被分配的存储空间始终归该变量所有，但在它的作用域之外不可对它进行存取。因此，对于局部静态变量，即使不在它的作用域之内，它的值仍保存在内存中，一旦再次调用它，回到它的作用域时，变量原有的值仍然有效，这是局部静态变量与自动变量的区别。
　　例 8.12　演示局部静态变量。

```
#include <stdio.h>
void main()
{
    int i;
    for(i=0;i<5;i++)
        printf("%4d",sum(10));
}

sum(int x)
{
    static int s=0;
    s+=x;
    return s;
}
```

运行结果：

10 20 30 40 50

sum 函数中的变量 s 说明为 static。第一次调用时接收初始值 s＝0,接着被赋值,s 变为 10,调用后该值仍存在;第二次调用时,其初始值就为 10,经赋值,s 变为 20……这样,main 用同样的参数调用同一个函数 sum,每次返回结果都不一样。

全局静态变量又称外部静态变量,在函数外定义,在定义前加 static 说明。它的作用域是定义它的源文件,并且是从定义点开始的。例如,一个文件有 3 个函数,在第一个函数后定义了一个外部静态变量,这时该变量的作用域是该文件的后两个函数,第一个函数不是它的作用域。外部静态变量与一般全局变量不同,不能被其他文件中的函数及本文件定义点之前的函数访问。因此,使用外部静态变量可以起到几个函数共享数据,而对其他函数保密的作用。

3. 寄存器变量（register）

这类变量存放在 CPU 的通用寄存器中。它的作用域与自动变量相同,只有自动变量和形参可以说明为寄存器类。寄存器变量在定义前加上保留字 register。例如:

```
{
    register int i;
    for(i=0;i<n;i++)
    {
        ...
    }
}
```

变量存放在寄存器中,其处理速度要比存放在内存中的自动变量快得多。

由于 CPU 中的通用寄存器数目有限,而且许多通用寄存器都有指定的用途,因此变量的值只能存放在空闲的通用寄存器中,数目就更有限了。另外,寄存器的长度是固定的,不是所有类型的变量都能放得下,只有 int、char 等类型的变量才可能定义为寄存器变量。由于空闲寄存器有限,寄存器变量不可定义太多,只是选几个使用频度高的变量定义为 register,一旦超过空闲的寄存器数目,没有放进寄存器的那些变量一律按自动变量处理。

另外需要指出的是,寄存器变量不能进行地址运算,也不能是静态变量。

4. 外部变量（extern）

外部变量是在函数外部定义的变量,也称全局变量。

一个 C 程序可以由一个或多个源程序文件组成,全局变量的作用域是从它的定义点开始到本源文件的末尾。如果在定义点之前的函数要引用该全局变量,需要在引用之前对该变量作外部变量的说明;同样,在定义全局变量之外的其他文件要引用该全局变量,也需要在引用之前作外部变量的说明。说明外部变量时,在变量名前加上外部说明保留字 extern。请看下面示意性程序:

(1) 定义点之前的函数引用全局变量,必须加外部说明。例如:

```
void main()
```

```
{
    extern int a;
    …        /* 这里可引用 a,因为前面已对 a 作了外部说明 */
}
int a;
float f1(int x)
{
    …        /* 本函数位于全局变量 a 定义之后,可引用 a */
}
float f2(char x, float y)
{
    float a;
    …        /* 这里只能引用局部变量 a,在 f2 内全局变量 a 被隐蔽 */
}
```

由于全局变量 a 的定义位于 main 函数之后,所以在 main 中,要引用 a,就应该用 extern 进行说明,说明它已经在别处定义过了。f1 函数定义位于全局变量 a 之后,函数体内可引用 a。f2 函数又定义了一个局部变量,与全局变量 a 同名,则在 f2 起作用的是局部变量 a。

(2) 其他文件要引用本文件中的全局变量,应该加外部说明。例如:

```
/* file1.c */
int x;
void main()
{
    …        /* 可引用全局变量 x */
}
```

```
/* file 2.c */
extern int x;
float fun(float a)
{
    …        /* 可引用 file1 中定义的变量 x,因为在本文件中 x 已作了外部说明 */
}
```

由于 file2 文件中的函数 fun 需引用 file1 文件中定义的全局变量 x,所以应在 file2 文件开头、函数的外面用 extern 来说明 x 为外部变量,说明该变量已在其他文件中定义过了。

8.6.3　内部函数与外部函数

一个 C 程序可以由多个函数组成,这些函数可以放在一个源文件中,也可以分开放在若干个源文件中。根据这些函数的使用范围,可以分为内部函数和外部函数。

1. 内部函数

内部函数又称静态函数,它只能被本文件中的其他函数调用。在定义函数时,前面应加上保留字 static。例如:

```
static float fun1(float x,float y)
{
    ...
}
```

函数 fun1 的作用范围仅限于定义它的源文件,而其他文件的函数不能调用它。这时如果不同文件中有同名的内部函数,是互不影响的。

2. 外部函数

C 语言中的函数定义是平行的,不能嵌套,因此都具有外部的性质。

在定义函数时,若加上保留字 extern,则明确表明该函数是外部的。例如:

```
extern int fun2(int x, int y)
{
    ...
}
```

该函数可被其他文件的函数调用。若将前面的 extern 省略,则隐含为外部函数。在需调用此函数的文件中,一般要用 extern 说明所用的函数是外部的。

8.7　应用举例 2

例 8.13　产生随机数的函数。

产生随机数最常用的方法是线性同余法。这时一个随机数可以用前一个随机数求得:

$$r_i = (\text{multiplier} * r_{i-1} + \text{increment}) \% \text{modulus}$$

实际上这不是真正的随机数,而是通过 r_{i-1} 算出 r_i,但如果几个参数选得合适,从效果上看还是很像随机数的,因此又把这样产生的数叫伪随机数。例如,像下面这样选择参数:

```
r=(r*123+59)%65536
```

只要给一个 r 的初始值,就能计算出下一个 r。

程序如下:

```
#include <stdio.h>
unsigned random()
{
    static unsigned r=100;
```

```
        r=(r*123+59)%65536;
        return r;
}


void main()
{
    int i;
    for(i=0;i<10;i++)
        printf("  %u",random());
}
```

运行结果：

12359 12888 12419 20268 2655 64480 1243 21876 3831 12520

程序运行后产生 10 个随机数。

程序中 r 被说明为局部静态变量，调用一次 random，产生一个随机数 r，并且其值保存下来，作为下一次调用的初始值，这样就能在 r 的初始值基础上产生一个随机数序列。

例 8.14 上述产生随机数序列的程序还可如下编写：

```
#include <stdio.h>
static unsigned r;


unsigned random()
{
    r=(r*123+59)%65536;
    return r;
}


unsigned random_init(unsigned seed)
{
    r=seed;
}


void main()
{
    unsigned i,n;
    scanf("%d",&n);
    random_init(n);
    for(i=0;i<10;i++)
        printf("  %u",random());
}
```

运行时输入 10，结果如下：

12359   12888   12419   20268   2655   64480   1243   21876   3831   12520

程序中 r 为外部静态变量。在主函数中先调用一次 random_init,产生 r 的初始值,然后再调用 random,每调用一次就得到一个随机数。可以把产生随机数的两个函数和一个静态外部变量单独组成一个文件,静态外部变量 r 只能被本文件中的函数使用,外部其他文件不能直接使用它,即使有同名的变量 r 也互不影响。

例 8.15　分析下面程序的输出结果。

该程序由 3 个文件组成。

```c
/* file1.c */
#include <stdio.h>
int i=1;
void main()
{
    int i,j;
    i=reset();
    for(j=1;j<=3;j++)
    {
        printf("i=%d\tj=%d\n",i,j);
        printf("next=%d\t",next());
        printf("last=%d\t",last());
        printf("new=%d\n",new(i+j));
    }
}

next()
{
    return(i++);
}

/* file2.c */
static int i=10;
last()
{
    return(i-=1);
}

new(int i)
{
    static int j=5;
    return(i=j+=++i);
}

/* file3.c */
extern int i;
reset()
```

```
{
    return(i);
}
```

运行结果：

```
i=1     j=1
next=1 last=9  new=8
i=1     j=2
next=2 last=8  new=12
i=1     j=3
next=3 last=7  new=17
```

该程序由 file1.c、file2.c、file3.c 3 个文件组成,这里的变量存储类有外部类、外部静态类、内部静态类和自动类等,分清变量 i 在不同文件、不同函数中的存储类及作用域是分析该程序输出结果的关键。

在 file1.c 的开头对 i 进行了外部说明,是全局变量;但该文件中 main 函数对 i 重新作了定义,这里的 i 是自动变量,与全局变量 i 无关;在函数 next 中,i 在使用前已作了外部说明,所以它是前面说明过的外部变量 i。

在 file2.c 的开头把 i 说明为外部静态变量,所以 last 中的 i 就是外部静态变量 i;但在 new 函数中,i 为形参,和自动变量一样,它与外部静态变量 i 无关,而且也与 file1.c 中的外部变量 i 无关。

在 file3.c 中,开头就对 i 作了外部说明,因此它和 file1.c 中的外部变量 i 是同一个变量。

对于多文件的程序,不同的系统把多个文件合成一个程序的方法是不同的。用一般的方法,可先分别对各个文件进行编译,得到各自的.obj 文件,然后用 1ink 命令把它们连接起来,得到一个可执行文件(.exe 文件)。在 Turbo C 2.0 系统中,是通过用户定义的 project 文件连接合成程序,具体方法可参看 Turbo C 2.0 使用手册。

8.8 习　　题

1. 编写函数 int digit (int n,int k),它返回 n 的从右向左的第 k 个十进数字位值。例如,函数调用 digit(1357,2),将返回 5。

2. 编写求三角形面积的函数,函数的参数为 3 条边长,如不符合构成三角形的条件,则返回 −1。在 main 函数中,输入三角形的 3 条边长,显示其面积;如不符合构成三角形的条件,显示输入出错信息,并要求重新输入。

3. 编写两个函数,分别求两个整数的最大公约数和最小公倍数,并用 main 函数调用这两个函数。

4. 写出下面程序的运行结果。

```
#include <stdio.h>
int sumpos(int a[],int num);
int sumneg(int a[],int num);
#define N 8
void main()
{
    int S[N]={1,-2,-3,4,5};
    printf("%4d%4d\n",sumpos(S,N),sumneg(S,N));
}

int sumpos(int a[],int num)
{
    int i;
    int sum=0;
    for(i=0;i<num;i++)
        if(a[i]>0) sum+=a[i];
    return sum;
}

int sumneg(int a[],int num)
{
    int i;
    int sum=0;
    for(i=0;i<num;i++)
        if(a[i]<0) sum+=a[i];
    return sum;
}
```

5. 分析下面函数的功能。

(1)
```
void stod(int n)
{
    int i;
    if(n<0)
    {
        putchar('-');
        n=-n;
    }
    if((i=n/10)!=0)
        stod(i);
    putchar(n%10+'0');
}
```

(2)
```
void itoa(int n,char S[])
{
    static i=0,j=0;
```

```
        int c;
        if(n!=0)
        {
            j++;
            c=n%10+'0';
            itoa(n/10,S);
            S[i++]=c;
        }
        else
        {
            if(j==0) S[j++]='0';
            S[j]='\0';
            i=j=0;
        }
    }
```

6. 编写一个判断是否为素数的函数,在主函数中输入一个整数,输出该数是否为素数的信息。

7. 编写函数,由实参传来一个字符串,统计该字符串中字母、数字、空格和其他字符的个数,在主函数中输入字符串并输出上述结果。

8. 编写函数,使输入的一个字符串反序存放,在主函数中输入和输出字符串。

9. 编写函数,从一个字符串中删去指定字符。在主函数中输入字符串和指定字符,并输出结果。

CHAPTER 9

第 9 章　指　针

　　指针是一种数据类型,是 C 语言最具代表性的特点之一。正确而灵活地使用指针,能够有效地描述各种复杂的数据结构,动态地分配内存空间,方便而有效地对数组和字符串进行操作,在函数间自由地传递各种类型的数据,使程序更简洁紧凑,效率更高。

　　本章主要讲述指针的基本概念和运算,以及指针在数组和函数方面的应用。

　　本章重点:掌握指针的概念、指针作为函数参数的用法以及指针在数组中的应用。

9.1　指　针　概　述

　　本节介绍指针的概念、指针变量的定义以及指针的基本运算。

9.1.1　什么是指针

　　指针是一种特殊的变量,它的特殊性表现在值和类型上。首先看看指针的值,指针的值是某个对象(例如变量)的内存地址,因此指针是用来存放某个对象的地址值的变量,它存放了哪个对象的地址值,就说它是指向哪个对象的指针。

　　再看看指针的类型。指针的类型是它所指向的对象的类型,而不是它本身的类型,它本身存放的只是地址值。指针可以指向任一类型的对象,于是指针也可以是各种类型的。例如,有指向 int 型、float 型、double 型、char 型的,也有指向数组、结构、联合等构造类型的,还有指向函数的、文件的以及指向指针的,等等,可以说 C 语言中几乎处处都与指针有联系。

　　为了更好地理解指针,下面举个具体例子。假定定义了一个整型变量 a,编译系统在编译时就会为它分配相应的存储单元,若其地址为 1000H,就可以通过该地址去访问 a(如赋值 5),这种访问方式称为直接访问,如图 9.1 所示。

还可以把 a 的地址值 1000H 存放在变量 pa 中,这样就可以通过 pa 的地址(如 3000H)找到 a 的地址 1000H,然后再访问 a,这种访问方式称为间接访问。变量 pa 就是指向 a 的指针,pa 与 a 的关系如图 9.2 所示。

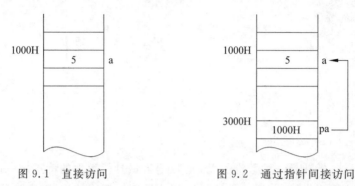

图 9.1　直接访问　　　　　　　图 9.2　通过指针间接访问

9.1.2　指针变量的定义

指针变量定义的一般形式如下:

类型标识符　＊指针变量名;

定义中指针变量名和一般变量一样,用标识符表示。为了与一般变量相区别,在变量名前加一个＊,这里＊作为说明符,说明其后的变量是指针变量。类型标识符表示该指针变量所指向的对象或变量的类型。例如:

```
int * pi;            /* pi 是指向 int 型变量的指针 */
float * pf;          /* pf 是指向 float 型变量的指针 */
double * pd;         /* pd 是指向 double 型变量的指针 */
```

此外,还有指向数组、结构、联合的指针以及指向文件和指向指针的指针等,在后面章节还要进一步讲解。

9.1.3　指针的运算

指针是一种特殊的变量,指针的运算也与其他变量不同。下面逐一介绍。

1. 指针运算符

C 语言为指针专门设置了两个运算符。

1) 取地址运算符 &

& 是单目运算符,它给出运算对象的地址。例如:

```
int a, * pa;
pa=&a;
```

将变量 a 的地址赋予指针 pa,也就是使 pa 指向了变量 a。

2) 间接访问运算符 ＊

＊ 也是单目运算符,当它作用于指针上时,用来间接访问该指针所指的对象。例如:

```
int a=5,b, * pa;
pa=&a;            /* pa 现在指向 a */
b= * pa;          /* b 现在为 5 */
* pa=0;           /* a 现在为 0 */
```

注意: ＊ 在不同场合作用是不同的。若出现在变量定义中,＊ 说明 pa 是指针;若出现在引用中,如第 3、4 行,＊ pa 就是间接访问 pa 所指的对象,即 ＊ pa 就是 pa 所指的变量 a。

2. 指针的赋值

指针的赋值有以下 3 种情况。

(1) 指针可以用某个变量的地址赋值。例如:

```
int a, * pa;
```

定义了一个整型变量 a 和一个指向整型变量的指针 pa,但这时指针 pa 并未指向某一具体的整型变量。可以取 a 的地址赋予 pa:

```
pa=&a;
```

这时 pa 就指向 a 了。

需要注意,指针在使用之前必须先使它指向某个具体的地址。例如,若没有 pa＝&a,则 pa 的指向是不确定的,尽管这时可以进行赋值,如 ＊ pa＝5,但 5 存放在哪里呢?另外,如果 pa 所指的单元正好是程序代码或系统所占用的地址,那么引起的后果就更严重了。

(2) 可以将一个已被赋值的指针赋予另一个指针。例如:

```
int a, * pa, * pb;
pa=&a;
pb=pa;
```

这时指针 pa 和 pb 都将指向同一个变量 a。

(3) 可以给指针赋值 0。

指针只能赋予一个对象的地址,不能赋予一个整数。例如:

```
int * p;
p=1000;
```

是错误的。但有一个例外,可以将 0 赋予指向任何类型的指针,即该指针不指向任何变量。例如:

```
int * p;
p=0;
```

为了程序的可读性,一般用符号常量 NULL 表示空指针的值,NULL 在 stdio.h 中定义为

```
#define NULL 0
```

因此赋值时,可以用下面的形式:

```
p=NULL;
```

注意:对 p 赋空值 NULL 与未对 p 赋值是两种完全不同的情况。前者是有值的,值为 0,不指向任何变量,系统使地址为 0 的单元不作他用;而后者 p 的值是不确定的。

3. 指针的其他运算

指针还可以进行以下三种运算。

(1) 指针可以加减一个整数。

指针加减一个整数时,并不是地址值与整数值的简单相加。一个指针加一个整数意味着将指针后移(即指针向地址值增大的方向移动);减去一个整数,意味着前移(即指针向地址值减小的方向移动)。例如:

p+10:指针后移 10 个单元。

p++:指针后移 1 个单元。

p-n:指针前移 n 个单元。

p--:指针前移 1 个单元。

一个单元是该指针所指的数据在内存中所占的字节数。例如,对大多数微机系统来说,字符型数据为 1B,整型数据为 2B,实型数据为 4B。在 C 程序中可以通过对指针加减一个整数来移动指针,这是一种常用的运算。

(2) 两个同类的指针可以相减。

指向类型相同的两个指针可以相减,其结果是两个指针相隔的单元数。例如,指向同一数组的两个指针相减,其差表示这两个指针在数组中相差的元素个数。两个指向类型不同的指针相减是没有意义的。

下面的函数定义是非法的:

```
int sum_array(int a[n], int n)        /***WRONG***/
{
    ...
}
```

编译器会在遇到 int a[n]时显示出错信息,因为此前它没有见过 n。

(3) 两个同类的指针可以作比较操作。

指向同一类型的两个指针,可以使用比较运算符>、>=、<、<=、!=、==比较它们的地址值,比较结果为 1(真)或 0(假),可用于条件语句和循环语句中作条件判断。

9.2　指针与函数参数

函数的参数不仅可以是整型、实型、字符型等数据，而且也可以是指针类型。例如，要编写一个交换两个变量数值的函数，开始可能会写出如下的程序。

例 9.1　用一般变量作参数，不能实现交换。

```
#include <stdio.h>

void swap(int,int);

void main()
{
    int a=5,b=9;
    printf("%d,%d\n",a,b);
    swap(a,b);
    printf("%d,%d\n",a,b);
}

void swap(int x,int y)
{
    int temp;
    temp=x;
    x=y;
    y=temp;
}
```

运行结果：

```
5,9
5,9
```

从运行结果看，并没有实现两个数值的交换。原因很清楚，因为 C 语言函数参数都是传值的。当主函数 main 调用 swap 函数时，只是将实参 a、b 的值传送给 swap 的形参 x、y，相当于以下赋值语句：

```
x=a;y=b;
```

情况如图 9.3(a)所示。x、y 接收到数值后，在 swap 中交换，由于参数是传值的，swap 中形参 x、y 的改变并不影响到对应的实参 a、b，所以形参互换后的结果如图 9.3(b)所示，实参 a、b 的值并未改变。

下面将程序改写一下，用指针作参数。

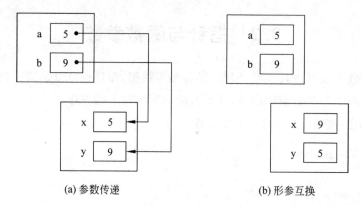

(a) 参数传递   (b) 形参互换

图 9.3 一般变量作函数参数的传递

例 9.2 用指针作参数,实现两值的交换。

```
#include <stdio.h>

void swap(int * ,int * );

void main()
{
    int a=5,b=9;
    printf("%d,%d\n",a,b);
    swap(&a,&b);
    printf("%d,%d\n",a,b);
}

void swap(int * px,int * py)
{
    int temp;
    temp= * px;
    * px= * py;
    * py=temp;
}
```

运行结果:

```
5,9
9,5
```

这次达到了目的,实现了两个值的交换。再看看程序的执行情况,当 main 调用 swap 时,实参是变量 a 和 b 的地址,形参是指针变量 px、py,见图 9.4(a)。虽然参数仍然是传值的,但这次传递的是地址值:

```
px=&a; py=&b;
```

参数传递的结果使指针 px、py 分别指向 a、b,如图 9.4(b)所示。由于 * pa 就是 a, * py 就是 b,所以在 swap 中, * px 与 * py 的交换就是 a 和 b 的交换。

从例 9.2 可以看出,虽然 C 语言的函数参数都是传值的,不能通过形参本身值的改

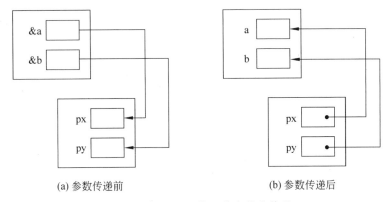

(a) 参数传递前　　　　　　　　(b) 参数传递后

图 9.4　指针变量作函数参数的传递

变直接影响实参的变化,但是可以利用指针作参数,改变它所指向的变量的值(而非形参自身的值),间接地将它们的影响返回到主调函数。

可见,利用指针作函数参数又为函数间的数据传递提供了一条新的途径。

9.3　指针与数组

在 C 语言中,指针与数组的关系非常密切,任何能由数组下标完成的操作都可由指针来实现。正确地使用数组指针来引用和处理数组元素,能使程序更加简明、紧凑,效率更高。

9.3.1　一维数组的指针

1. 一维数组指针的定义

如果定义了一个一维数组:

```
int a[10];
```

则该数组的元素为 a[0],a[1],…,a[9],如图 9.5 所示。

图 9.5　数组的下标表示

C 语言规定,任何一个数组的数组名本身就是一个指针,是一个指向该数组首元素的指针,即首元素的地址值,所以数组名是一个常量指针。这样数组元素的地址可以通过数组名加偏移量来取得,上面一维数组各元素的地址可表示为

$$a,a+1,\cdots,a+9$$

而相应的数组元素可表示为

$$*a,*(a+1),\cdots,*(a+9)$$

用数组名(常量指针)表示上述数组,如图 9.6 所示。

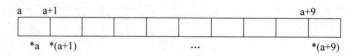

图 9.6 用常量指针表示数组

现在定义一个指针变量 p,并将其初始化为 a 或 &a[0]:

```
int * p=a;
```

这样就把数组 a 的首地址赋予了指针变量 p,或者说 p 是指向数组 a 的指针,于是数组 a 各元素的地址可用指针变量 p 加偏移量来表示,即

$$p,p+1,\cdots,p+9$$

相应的数组元素则为

$$*p,*(p+1),\cdots,*(p+9)$$

用指针变量表示上述数组,如图 9.7 所示。

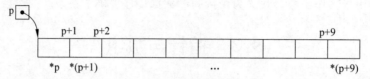

图 9.7 用指针变量表示数组

也可像数组元素一样,用指针访问数组元素,即

$$p[0],p[1],\cdots,p[9]$$

还可以通过移动指针,用 * p++ 访问数组各元素。

注意:虽然可以把数组名用作指针,但是不能给数组名赋予新的值。试图使数组名指向其他地方是错误的。例如:

```
while( * a!=0)
    a++;       /***WRONG***/
```

这一限制不会给编程带来困难,可以把 a 复制给一个指针变量,然后改变指针变量。例如:

```
p=a;
while( * p!=0)
    p++;
```

2. 通过指针引用数组元素

根据上面所述,引用数组元素可以采用以下 3 种方法:

(1) 下标法,如 a[i]。

(2) 常量指针法,如 * (a+i),其中 a 是数组名。

(3) 指针变量法,如 * (p+i),p 是指向数组的指针变量,初始值为 a。

例 9.3　一维数组与指针的使用。

```
#include <stdio.h>
void main()
{
    int i,a[5]={1,3,5,7,9};              /* 定义一维数组 a,并赋初值 */
    int * p=a;                           /* 定义一个指针 p,并指向数组 a */
    printf("&p=%x\n",&p);
    printf("p=%x,a=%x\n",p,a);
    for(i=0;i<5;i++)
        printf("a[%d]=%d  ",i,a[i]);     /* 用下标法输出数组 */
    printf("\n");
    for(i=0;i<5;i++)
        printf(" * (a+%d)=%d  ",i, * (a+i)); /* 用常量指针法输出数组 */
    printf("\n");
    for(i=0;i<5;i++)
        printf(" * (p+%d)=%d  ",i, * (p+i)); /* 用指针变量法输出数组 */
    printf("\n");
    for(i=0;i<5;i++)
        printf("p[%d]=%d  ",i,p[i]);      /* 用指针带下标法输出数组 */
    printf("\n");
    for(i=0;i<5;i++)
        printf("p[%d]=%d  ",i, * p++);    /* 逐个移动指针输出数组 */
}
```

运行结果:

```
&p=ffda
p=ffd0,a=ffd0
a[0]=1   a[1]=3   a[2]=5   a[3]=7   a[4]=9
* (a+0)=1   * (a+1)=3   * (a+2)=5   * (a+3)=7   * (a+4)=9
* (p+0)=1   * (p+1)=3   * (p+2)=5   * (p+3)=7   * (p+4)=9
p[0]=1   p[1]=3   p[2]=5   p[3]=7   p[4]=9
p[0]=1   p[1]=3   p[2]=5   p[3]=7   p[4]=9
```

从上面的例子可以看出:

(1) 当指针变量 p 指向数组 a 时,a[i]、*(a+i)、*(p+i)含义相同,输出结果相同,在程序中可互换使用。需要说明的是,C 编译系统对 a[i]、*(a+i)、*(p+i)的处理方法是相同的,即按照相同的地址计算规则计算元素的地址,因此这 3 种方法的执行效率是相同的。

(2) 指针变量 p 可以进行 p++运算,而常量指针 a 是不能作 a++运算的。利用指针变量的这一特点,在按递增或递减方式顺序访问数组情况下,使用 p++、p−−运算可以提高程序的执行速度,也使程序更加简明。

(3) 要注意指针的初始化。例如在例 9.3 中,在定义指针 p 时初始化为 a,这样使指针 p 就有了指向空间。没有初始化的指针其指向是不确定的,其使用后果前面已有叙述。

(4) 指针变量在执行过程中其内容要发生变化。例如:

```
for(i=0;i<5;i++)
    printf("p[%d]=%d",i,*p++);
```

在执行过程中,p 的内容从指向数组的第 0 号元素移动到指向数组的第 4 号元素。

在使用指针时,应注意指针的当前值,并且应避免使数组越界。请看下面的例子。

例 9.4 为数组 a 输入 10 个数据,然后输出。

```
#include <stdio.h>
void main()
{
    int i,*p,a[10];
    p=a;
    for(i=0;i<10;i++)
        scanf("%d",p++);
    for(i=0;i<10;i++)
        printf("%d  ",*p++);
}
```

这个程序初看起来没有什么问题,但是,在运行时输入

```
0 1 2 3 4 5 6 7 8 9
```

结果如下:

```
-24  285  1  -26  1750  -22  0  14915  16988  20303
```

显然输出结果不是数组 a 中元素的值。其原因是:经过第一个 for 循环读入数据后,p 已由指向数组首地址 a 移到数组的末尾(a+10);当执行第二个 for 循环时,执行 p++,这时 p 指的已不是数组 a 的元素,而是数组 a 以外的地方了。

这里需要指出,当 p 指向数组 a 后面的地址时,C 编译系统并不指出越界错误,而是继续操作。

找到原因后,本程序只要在第二个 for 循环前让 p 重新指向 a,即加上以下赋值语句:

```
p=a;
```

这样就得到了如下的正确程序:

```
#include <stdio.h>
void main()
{
    int i,*p,a[10];
    p=a;
    for(i=0;i<10;i++)
        scanf("%d",p++);
    p=a;
```

```
    for(i=0;i<10;i++)
        printf("%d  ",* p++);
}
```

运行时输入

```
0 1 2 3 4 5 6 7 8 9
```

结果如下：

```
0 1 2 3 4 5 6 7 8 9
```

3. 数组指针作函数参数

前面已经介绍过,用数组名作为函数参数将整个数组传递到函数中的方法,数组名是数组的首地址,因此这种方法的实质就是地址传递。

根据上面所讲的数组与指针的关系,也可用指针变量作函数形参接收实参数组的地址,这样指针就指向了数组的存储空间,使用这个指针就可以对数组中的所有元素进行处理了。

例 9.6　编写函数,用冒泡排序法对输入的 10 个整数按由小到大顺序排列。

```
#include <stdio.h>
void sort(int * ,int);
void main()
{
    int i,a[10];
    for(i=0;i<10;i++)
        scanf("%d",&a[i]);
    sort(a,10);
    for(i=0;i<10;i++)
        printf("%4d",a[i]);
}

void sort(int * p,int n)
{
    int i,j,temp;
    for(i=1;i<=n;i++)
        for(j=0;j<n-i;j++)
            if(* (p+j)> * (p+j+1))
            {
                temp= * (p+j);
                * (p+j)= * (p+j+1);
                * (p+j+1)=temp;
            }
}
```

运行时输入

12 8 21 4 10 26 15 18 14 23

结果如下：

4　8　10　12　14　15　18　21　23　26

该程序在主函数中读入 10 个数到数组 a,然后调用 sort 进行排序,调用形式是

sort(a,10);

其中,第一个实参是数组名 a,它是数组 a 的首地址,这个参数也可写成 &a[0];第二个实参直接使用常数 10,它是数组元素的个数。

在被调函数中,第一个形参为指针变量 p,它要求接收一个地址量;第二个形参为 n,接收一个整型值。

函数调用时,数组的首地址 a 传递给被调函数中的形参 p。指针 p 接收了数组的首地址 a 后,就指向了数组的存储空间,然后通过指针 p 访问和处理数组中的数据,使数组中的数据按由小到大的顺序排序。

采用地址传递方式,可以解决数组中大量数据在函数间的传送问题。无论数组多大,只需把它的首地址作为参数传到函数中,该函数就可以对数组中的所有数据进行处理。同时,在被调函数中对数组的任何改变都将影响到主调函数,因为被调函数中的指针和主调函数中的数组都在相同的存储空间中操作。这样,在主调函数中,调用前数组 a 是未排序的,调用后数组中的数据就是已排序的了。

对于形参而言,声明为数组跟声明为指针是一样的;但是对变量而言,声明为数组跟声明为指针是不同的。例如：

int a[10];

会导致编译器预留 10 个整数的空间,但是

int * a;

只会导致编译器为一个指针变量分配空间。在后一种情况下,a 不是数组,试图把它当作数组来使用可能会导致难以预计的后果。例如,赋值语句

* a=0;　　　/***WRONG***/

将在 a 指向的地方存储 0。因为此时不知道 a 指向哪里,所以对程序的影响是无法预料的。

9.3.2　多维数组的指针

使用指针也能指向多维数组及其元素,但情况复杂一些。

1. 指向数组元素的指针变量

如果定义了一个二维数组：

```
int a[2][3]={{1,2,3},{10,20,30}};
int * p;
p=a[0];
```

这时指针变量 p 指向了数组 a 的首地址,通过指针 p 的移动就可以访问二维数组的每一个元素。

例 9.7 用指针变量输出数组元素的值。

```
#include <stdio.h>
void main()
{
    static int a[2][3]={{1,2,3},{10,20,30}};
    int * p;
    for(p=a[0];p<a[0]+6;p++)
    {
        if((p-a[0])%3==0) printf("\n");
        printf("%4d", * p);
    }
}
```

运行结果:

```
 1   2   3
10  20  30
```

2. 指向包含 m 个元素的一维数组的指针

指向包含 m 个元素的一维数组的指针定义如下:

类型标识符(* 指针变量名)[元素个数 m];

例如:

```
int ( * p)[3];
```

其中 p 是一个指针变量,它指向包含 3 个整数元素的一维数组。注意 * p 两边的括号不可省,如写成 * p[3],就成了指针数组了。

当执行 p=a;把数组的首地址 a 赋予 p 后,如果要访问第 i 行第 j 列元素,可以写为 * (* (p+i)+j)。

注意:因为 p 是一个指向一维数组的指针,i 的增值以一维数组的长度为单位,所以 p+i 是指第 i 行。

例 9.8 输出二维数组某一行和列元素的值。

```
#include <stdio.h>
void main()
{
    static int a[2][3]={{1,2,3},{10,20,30}};
```

```
int (* p)[3],i,j;
p=a;
scanf("%d,%d",&i,&j);
printf("a[%d][%d]=%d",i,j,* (* (p+i)+j));
}
```

运行时输入

1,2

结果如下：

a[1][2]=30

9.3.3　字符指针与字符串

在 C 语言中可以用字符数组处理字符串，还可以用字符指针处理字符串，后者更方便、灵活。

1. 字符指针的定义与引用

指向字符型数据的指针称为字符指针。例如：

char * p;

定义了一个指向字符型的指针变量 p。可以使字符指针指向一个字符数组，然后通过该指针处理字符数组中的字符串。

例 9.9　用字符指针处理字符数组中的字符串。

```
#include <stdio.h>
void main()
{
    static char str[]="China";
    char * p;
    p=str;
    while(* p!='\0')
        putchar(* p++);
}
```

运行结果：

China

在程序中定义了一个字符指针 p，并赋予初始值：

p=str;

使字符指针 p 指向了字符数组 str 的首地址。输出时从 p 所指的位置开始逐个输出字符，直到遇到字符串结束标志'\0'。

C 语言还为字符指针规定了更强的功能。

例 9.10　用字符指针处理字符串。

```
#include <stdio.h>
void main()
{
    char * p="China";
    printf("%s",p);
}
```

运行结果：

```
China
```

程序中没有定义字符数组,而是直接把字符指针指向一个字符串常量。实际上 C 语言将字符串常量当作一个字符数组,为它开辟一段连续的存储空间,如图 9.8 所示。

应该注意,尽管字符数组和字符指针都能处理字符串,但两者还是有区别的。

图 9.8　指向字符串的指针

例如：

```
char * p="China";
```

也可写成两行：

```
char * p;
p="China";          /* 正确!把字符串在内存中的首地址赋予指针变量 */
```

但对字符数组就不能这样赋值：

```
char a[20];
a="China";          /* 错误!不能把一个地址值赋予常量指针(即数组名) */
```

又如,在定义了字符数组之后,编译系统为它分配了内存存储空间,内存首地址为数组名,因此下面的输入语句是正确的：

```
char a[80];
scanf("%s",a);
```

而对于字符指针,下面的输入语句是不允许的：

```
char * p;
scanf("%s",p);          /* 错误!p 没有指向的空间 */
```

这里尽管 p 已被定义为字符指针,但它具体指向的内存空间未确定,这时若要硬性输入,可能会造成难以预料的后果。对于这种情况,可以在定义一个字符指针之后,使它指向特定的内存空间,然后再使用它。例如：

```
char a[80];
char * p;
p=a;
scanf("%s",p);              /* 正确!p 有了指向的内存空间 */
```

2. 字符指针作函数参数

把一个字符串从一个函数传递到另一个函数可以利用字符数组名或字符指针作参数,它们在调用时传递的是地址。在被调函数中对字符串进行处理以后,其任何变化都会反映到主调函数中。

例 9.11 用函数调用实现字符串的复制。

```
#include <stdio.h>
void strcpy(char * ,char * );
void main()
{
    char * str1="Pascal";
    char * str2="C++";
    printf("%s\n%s\n",str1,str2);
    strcpy(str1,str2);
    printf("%s\n%s\n",str1,str2);
}

void strcpy(char * t,char * s)
{
    while((* t=* s)!='\0')
    {
        t++;
        s++;
    }
}
```

运行结果:

```
Pascal
C++
C++
C++
```

在主调函数中,字符指针 str1 指向字符串"Pascal"的起始地址,字符指针 str2 指向字符串"C++"的起始地址,如图 9.9(a)所示。函数 strcpy 被调用时,str1、str2 作为实参传递给形参 t 和 s,这时的情况如图 9.9(b)所示。while 语句中的赋值表达式 * t= * s 将 s(即 str2)所指地址的字符赋予 t(即 str1)所指的相应的地址中,两个指针同时移动,直到 s 所指地址的内容为'\0',这时 * t 也为'\0',循环结束,完成了字符串的复制,其结果如图 9.9(c)所示。可以看到,str1 所指字符串的最后 3 个字符仍保留原状,在输出 str1 时按%s 输出,遇第一个'\0'即结束,其后的字符并不输出。

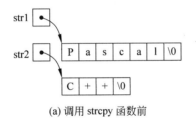

(a) 调用 strcpy 函数前

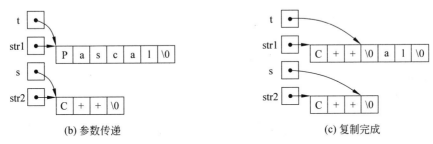

(b) 参数传递　　　　　　　　　　　　　　(c) 复制完成

图 9.9　用字符指针作函数参数传递字符串

C 语言程序员常常希望把程序写得紧凑,strcpy 函数可以进一步简化成

```
void strcpy(char * t,char * s)
{
    while((* t++= * s++)!='\0');
}
```

这里把 while 语句的循环体部分移到了循环控制表达式中,循环体则成了一个空语句。由于'\0'的 ASCII 码值是 0,strcpy 还可进一步简化为

```
void strcpy(char * t,char * s)
{
    while(* t++= * s++);
}
```

　　用字符指针作函数参数,不但函数本身要设计得正确,而且也要正确调用。例如,上述程序中的 strcpy,调用时用 strcpy(str1,str2);。这里 str1 指向"Pascal",其有效空间为 7B;str2 指向"C++ ",为 4B。这时调用无疑是正确的。但是,如果 str2 指向"Fortran",再调用 strcpy 就不对了,因为调用时超过了可用空间。

　　用字符指针处理字符串方便灵活,效率高,C 语言函数库中许多字符串处理函数都要求使用字符指针作参数。在使用中需要注意指针是否有指向的内存空间,空间是否够用。

9.4　应用举例

　　例 9.12　设计字符串部分复制函数,要求将第一个字符串从第 m 个字符开始的全部字符复制为第二个字符串。

```c
#include <stdio.h>
#include <string.h>
void str_copy(char * ,char * ,int);
void main()
{
    int m;
    char str1[20],str2[20];
    scanf("%s",str1);
    scanf("%d",&m);
    if(strlen(str1)<m)
      printf("Input error!\n");
    else
    {
        str_copy(str1,str2,m);
        printf("%s\n",str2);
    }
}

void str_copy(char * p1,char * p2,int m)
{
    int n=0;
    while(n<m-1)
    {
        n++;
        p1++;
    }
    while(* p1!='\0')
    {
        * p2= * p1;
        p1++;
        p2++;
    }
    * p2='\0';
}
```

运行时输入

```
abcdefghijklm
5
```

结果如下:

```
efghijklm
```

在该程序中,主函数定义了两个字符数组,str1 用来存放输入的字符串,str2 用来存放复制的字符串,用数组名 str1 和 str2 作实参。被调函数 str_copy 中相应的形参为字符指针 p1 和 p2,调用时 p1 指向 str1,p2 指向 str2。

执行程序时,被调函数中的第一个循环使 p1 指向 str1 的第 m 个字符,第二个循环则通过赋值 * p2＝* p1 和 p1、p2 的同时移动把从 p1 所指的第 m 个字符开始的字符串从 p1 复制到 p2 所指的空间。

由于数组名 str1、str2 与字符指针 p1、p2 实质上是地址传递,这样 str2 就得到了复制后的字符串。

9.5　习　　题

1. 指出下列代码中的错误,并说明原因。

　(1) int * p=0xFECB;

　(2) float a[10];
　　　float * p;
　　　a=p+1;

　(3) char * str;
　　　scanf("%s",str);

　(4) int * p;
　　　float f=123;
　　　p=&f;

　(5) int n=10;
　　　int * p=n;

2. 分析下面程序的输出结果。

```
#include <stdio.h>
void main()
{
    static char c[]="program";
    char * cp=&c[9];
    while(--cp>=c)
        putchar(* cp);
    putchar('\n');
}
```

3. 编写程序,从键盘输入两个数,按由小到大的顺序输出。要求利用函数和指针完成。

4. 分析下面程序的输出结果。

```
#include <stdio.h>
void invert(int * ,int);
void main()
```

```
    {
        int i;
        static int a[]={1,2,3,4,5,6,7,8,9,10};
        for(i=0;i<10;i++)
            printf("%4d",a[i]);
        printf("\n");
        invert(a,10);
        for(i=0;i<10;i++)
            printf("%4d",a[i]);
    }

    void invert(int * x,int n)
    {
        int * pm,* pr,* pl;
        int temp,m;
        m=(n-1)/2;
        pr=x;
        pl=x+n-1;
        pm=x+m;
        while(pr<=pm)
        {
            temp= * pr;* pr= * pl;* pl=temp;
            ++pr;
            --pl;
        }
    }
```

5. 利用指针编写求字符串长度的函数 strlen,并在主函数 main 中调用它。

6. 编写程序,利用指针把输入的字符串按逆顺序输出。

7. 编写程序,输入 10 个学生的成绩,显示其中的最低分、最高分及平均成绩。

8. 编写程序,用指针实现输入一个数组并求数组中最小值的下标。

9. 编写程序,在主函数中输入 4 个不等长的字符串,用另一个函数对它们由小到大排序,然后在主函数中输出这 4 个已排好序的字符串。

第 *10* 章

结构、联合和枚举

在实际问题中,常常会遇到这样一类数据,它们是由若干不同类型的成分组成的。例如,一个学生的信息可以包含以下几个成分:学号、姓名、性别、年龄、成绩等,这些内容构成了一个完整的学生数据。这类数据因为所包含成分的类型不同,是不能用数组来表示的,这些成分又是互相联系的,如果分别用不同的变量来表示,使用起来也不方便。C 语言提供了一种结构(structure)类型来定义这种由若干不同类型成分组成的数据结构。

本章重点:掌握结构类型的定义、结构变量的说明和引用以及动态的数据结构——链表。

10.1　结构的概念

结构是一种构造型数据。本节介绍结构类型、结构变量的定义和结构变量的引用。

10.1.1　*结构类型的定义*

结构由若干成分组成,这些成分称为成员。各成员可以有不同的类型。例如一个学生的信息可用结构描述为

```
struct student
{
    int num;                /* 学号 */
    char name[15];          /* 姓名 */
    char sex;               /* 性别 */
    int age;                /* 年龄 */
    float score;            /* 成绩 */
};
```

在上面的定义中,struct 是保留字,student 是结构类型名。大括号括起的部分是成员表,包括 num、name、sex、age、score 5 个不同类型的数据项。

结构类型定义的一般形式为

```
struct 结构类型名
{
    成员表
};
```

其中,大括号中的成员表是该结构类型的各个成员的说明,每个成员的说明形式与一般变量相同,其形式为

```
类型 成员名;
```

注意:结构类型定义的右大括号后的分号是必不可少的,它表示定义结束。

如果无意间忽略了结构类型定义结尾的分号,可能会导致奇怪的错误。考虑下面的例子:

```
struct part{
    int number;
    char name[NAME_LEN+1];
    int on_hand;
}               /***WRONG***/
f(void)
{
    return 0;  /*执行到此行报错*/
}
```

程序员没有指定函数 f 的返回值类型。由于前面的结构类型定义没有正常结束,所以编译器会假设函数 f 的返回值是 struct part 类型的。直到程序执行函数中 return 语句时系统才会发现错误,结果是得到含义模糊的出错信息。

10.1.2　结构变量的说明

结构类型是用户自定义类型,它和系统定义的标准类型(如 int、float、char 等)一样,可以用来说明一个变量。结构变量的说明方式有如下两种。

(1) 先定义结构类型,再说明结构变量。

结构变量的说明格式如下:

```
struct 结构类型名 结构变量名表;
```

例如,利用上面已定义的结构类型 struct student,可以说明以下结构变量:

```
struct student st1,st2;
```

st1、st2 是两个结构变量,它们的类型为 struct student。这里请注意,说明时不仅要指明结构类型名 student,还要明确指明其类型为结构(struct)。

又如,有关日期的结构类型可定义如下:

```
struct date
{
    int year;
    int month;
    int day;
};
```

struct date 结构包含 3 个成员,分别为 year、month 和 day,都是整型变量。在上述定义的基础上,就可以说明该类型的结构变量:

```
struct date datel,date2,birthday;
```

上面说明了 datel、date2 和 birthday 都是 struct date 类型的结构变量。

(2) 在定义结构类型的同时说明结构变量。

这种说明方式是在结构类型定义之后紧跟结构变量的说明。其格式如下:

```
struct 结构类型名
{
    成员表
}结构变量名表;
```

例如,定义货单类型:

```
struct inventory
{
    int part_no;                /*货号*/
    char part_name[l5];         /*货名*/
    float price;                /*价格*/
    int quantity;               /*数量*/
    struct date p_date;         /*生产日期*/
} partl,part2;
```

定义了货单类型 struct inventory,又同时说明了该结构类型的变量 partl、part2。

当结构类型名不再被程序引用时,上述定义形式中的结构类型名可以省略。

10.1.3　结构变量的引用

结构变量的使用一般是通过对它的每个成员的引用来实现的。其引用方式为

结构变量名.成员名

上述表示中的“.”称为结构成员运算符。例如,前面用 date 结构类型说明的变量 birthday 中 3 个成员的引用可分别表示为 birthday. year、birhday. month 和 birthday. day。

结构变量的每个成员都可以像同类型的普通变量一样进行各种运算。对于上述结构变量 birthday,它的各个成员都是整型的,可以对它们施行任何整型变量可以进行的运算。例如,可以进行以下赋值运算:

```
birthday.year=2004;
birthday.day++;
```

如果结构成员本身又是结构类型,则可连续使用成员运算符逐级向下引用,直至最低一级。例如前面定义的货单类型 struct inventory 的结构变量 part1,它的生产日期 p_date 又是结构类型 struct date,这时要访问产品 part1 的生产年份,可以表示为 part1. p_date. year。

对于相同类型的结构变量可以整体赋值。例如:

```
st2=st1;
```

这个赋值语句将结构变量 st1 中各成员的值依次赋予 st2 对应的各个成员。

例 10.1 结构类型定义、结构变量说明及引用。

```c
#include <stdio.h>
#include <string.h>
struct student
{
    int num;
    char name[15];
    float score;
};

void main()
{
    struct student st1,st2;
    st1.num=20001;
    strcpy(st1.name,"Wang Hong");
    st1.score=95.5;
    printf("st1:\n");
    printf("%d,%s,%5.1f\n",st1.num,st1.name,st1.score);
    st2=st1;
    printf("st2:\n");
    printf("%d,%s,%5.1f\n",st2.num,st2.name,st2.score);
}
```

运行结果:

```
st1:
20001,Wang Hong, 95.5
st2:
20001,Wang Hong, 95.5
```

10.1.4 结构变量的初始化

结构变量初始化的方法与数组类似。初始化的方法是:按照结构变量中各个成员的顺序,在一对大括号内列出相应的值,一般形式为

struct 结构类型名 结构变量名={初始数据};

或

```
struct 结构类型名
{
    成员表
}结构变量名={初始数据};
```

每个成员依次对应初始数据中的一个成员值,成员值之间用逗号分开。例如:

```
struct student
{
    int num;
    char name[15];
    char sex;
    int age;
    float score;
} st1={20001,"Wang Hong",'F',20,95.5};
```

在定义结构类型 struct student 的同时说明其变量 st1,并对 st1 进行初始化,为各成员赋予相应类型的初始值。

例 10.2　结构变量初始化,并输出其初始值。

```
#include <stdio.h>
struct student
{
    int num;
    char name[15];
    char sex;
    int age;
    float score;
} st1={20001,"Wang Hong",'F',20,95.5};

void main()
{
    printf("student st1:\n");
    printf("%d,%s,%c,%d,%5.1f\n",st1.num,st1.name,st1.sex,st1.age,st1.score);
}
```

运行结果:

```
student st1:
20001,Wang Hong,F,20,95.5
```

全局变量或静态变量初始化在程序执行前完成。如果未指定初始值,它们的各个成员的初始值为默认值:字符型默认为'\0',数值型默认为 0。

10.2 结 构 数 组

结构和数组是两种非常有用的数据类型。结构因其成员类型可以不同,适合用来描述个体的数据信息,如前面介绍的用结构来描述一个学生的有关信息。但是,用结构只能表示单个学生,如果要描述一个班的学生,该怎么办呢? 这时我们自然会想到把具有相同结构类型的变量组成一个数组,就能很好地表示这一班学生的整体了。这种数组由于其每个元素都是结构变量,所以称为结构数组。

说明一个结构数组与说明结构变量的方法类似,一般形式为

struct 结构类型名 结构数组名[元素个数];

或

```
struct 结构类型名
{
    成员表
} 结构数组名[元素个数];
```

例如:

struct student st[40];

以上说明了结构数组 st[],它有 40 个元素,每个元素的类型为 struct student 结构类型。该数组表示一个班的学生。

```
struct inventory
{
    int part_no;
    char part_name[15];
    float price;
    int quantity;
    struct date p_date;
}parts[100];
```

以上说明了结构数组 parts[],它有 100 个元素,每个元素是 inventory 结构类型。该数组表示一个仓库的货品。

结构数组的元素在内存中的存放顺序与元素为标准数据类型的数组一样,也按顺序存放。对数组元素的访问也要用元素的下标。数组元素是结构类型,引用数组元素的某一成员也用成员运算符:

结构数组名[下标].成员名

例如,要引用 st[]结构数组中第 i 个学生的姓名、成绩,可以表示为

st[i].name
st[i].score

结构数组也可以初始化，一般表示是

结构数组名[元素个数]={{初始值数据 1},{初始值数据 2}, …};

下面给出定义结构类型 student 和相应的结构数组 st[3]初始化的例子：

```
struct student
{
    int num;
    char name[15];
    float score;
} st[3]={{20001,"Wang Hong", 85.5},
         {20002,"Ling Jian", 80  },
         {20003,"Zhang Ming",78.5}};
```

例 10.3　结构数组的说明、初始化和引用。

```
#include <stdio.h>
struct student
{
    int num;
    char name[15];
    float score;
} st[3]={{20001,"Wang Hong", 85.5},
         {20002,"Ling Jian", 80  },
         {20003,"Zhang Ming",78.5}};

void main()
{
    int i;
    for(i=0;i<3;i++)
        printf("%d,%s,%5.1f\n",st[i].num,st[i].name,st[i].score);
}
```

运行结果：

```
20001,Wang Hong, 85.5
20002,Ling Jian, 80.0
20003,Zhang Ming, 78.5
```

10.3　指向结构的指针

10.3.1　指向结构的指针

　　C 语言允许定义用于指向结构类型数据的指针变量，并可以通过该指针变量来引用所指向的结构类型数据的各个成员。例如，如果已定义了结构类型 struct student，就可以说明指向该类型的指针变量：

```
struct student * stptr;
```

在上面的说明中,stptr 为指针变量,它能指向结构类型 struct student 的数据。假定结构变量 st1 的定义及初始化如下：

```
struct student st1={20001,"Wang Hong", 85};
```

赋值语句

```
stptr=&st1;
```

使指针变量 stptr 指向了结构变量 st1,如图 10.1 所示。

  * stptr 是指针变量 stptr 指向的变量,也就是 st1,所以通过指针 stptr 来引用 st1 中的成员的方法可表示如下：

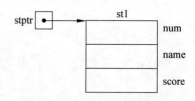

图 10.1　指向结构变量的指针

```
(* stptr).num        引用学生 st1 的学号
(* stptr).name       引用学生 st1 的姓名
(* stptr).score      引用学生 st1 的成绩
```

C 语言通常用一种更直观、方便的指向运算符来表示：

```
stptr ->num
stptr ->name
stptr ->score
```

综上所述,通过指针变量引用它所指向的结构变量的成员的一般表示形式为

```
(* 指针变量名).结构成员名
```

或

```
指针变量名->结构成员名
```

例 10.4　用指向结构的指针来引用结构变量的成员。

```c
#include <stdio.h>
struct student
{
    int num;
    char name[15];
    float score;
} st1={20001,"Wang Hong", 85.5};

void main()
{
    struct student * stptr;
    stptr=&st1;
```

```
        printf("%d,%s,%5.1f\n",stptr->num,stptr->name,stptr->score);
}
```

运行结果：

```
20001,Wang Hong,85.5
```

程序中首先定义了结构类型 struct student 和结构变量 st1，并对 st1 初始化。在 main 中说明了指向结构类型的指针变量 stptr，然后通过赋值语句使 stptr 指向了 st1。在 printf 中，通过指针变量 stptr 引用 st1 中的各个成员。

同样可以定义指针变量指向结构数组，然后就可通过该指针引用结构数组的元素。

例如，下面定义了一个结构数组 st[40] 和一个指针变量 p，并把数组的起始地址赋予 p：

```
struct student st[40];
struct student * p;
p=st;
```

这时指针变量 p 就指向了结构数组 st[40] 的起始地址。也可以使 p 指向结构数组的某一元素的起始地址：

```
p=&st[i];
```

例 10.5　统计成绩不及格的学生名单。

```
#include <stdio.h>
struct student
{
    int num;
    char name[15];
    float score;
} st[6]={{20001,"Wang Hong",85.5},
        {20002,"Ling Jian",57.0},
        {20003,"Zhang Ming",78.5},
        {20004,"Li Fang",52.0},
        {20005,"Zhao Ping",90.5},
        {20006,"Liu Hua",65.0}};

void main()
{
    struct student * stptr;
    int count=0;
    printf("不及格名单:\n");
    for(stptr=st;stptr<st+6;stptr++)
        if(stptr->score<60)
        {
            count++;
```

```
            printf("%d:%s,%5.1f\n", stptr->num,stptr->name,stptr->score);
        }
        printf("不及格人数:%d\n",count);
    }
```

运行结果:

不及格名单:
20002:Ling Jian, 57.0
20004:Li Fang, 52.0
不及格人数:2

程序中定义了结构数组 st[],并对它初始化。for 循环语句的第一个表达式 stptr＝st 使结构指针指向结构数组的起始地址。指针 stptr 开始指向结构数组第一个元素,每次循环就执行一次 stptr＋＋,使指针指向下一个元素的起始地址,直到 stptr＜st＋6。在循环体中,通过结构指针和指向运算符引用数组元素的各个成员,进行统计和输出。

10.3.2　结构指针作函数参数

在 C 语言中允许把结构变量和指向结构变量的指针用作函数参数。用结构变量作参数时,由于结构中往往有较多数据,传递时是将结构的成员一一对应传送,其效率较低,所以一般是用指向结构的指针作函数参数间接地传递结构变量的值。

例 10.6　用指向结构的指针作函数参数。

```
#include <stdio.h>
#define format "%d:%s,%5.1f\n"
struct student
{
    int num;
    char name[15];
    float score;
};
void display(struct student * p);
void main()
{
    struct student st1={20001,"Wang Hong", 85.5};
    display(&st1);
}

void display(struct student * p)
{
    printf(format,p->num,p->name,p->score);
}
```

运行结果:

```
20001:Wang Hong, 85.5
```

main 函数调用 display 时取结构变量 st1 的起始地址作为实参,传递给函数 display 的形参指针 p,使指针 p 指向结构变量 st1 的起始地址,这样就可以通过 p 来引用该结构变量的各个成员了。

当然,用指向结构的指针作函数参数时,如果被调函数改变结构变量的值,也会影响到主调函数。

ANSI C 标准允许用结构变量作为参数传递。在例 10.6 中,可以将 main 函数调用中的实参改用结构变量 st1:

```
display(stl);
```

同时 display 函数也相应改为:

```
void display(struct student s)
{
    printf(format,s.num,s.name,s.score);
}
```

用结构变量作参数,调用时要将全部成员一个一个传递给形参,既费时间又费空间,特别是在成员很多或者结构是数组时,程序运行效率就会更低,所以一般情况下还是用结构指针作函数参数为好。只有在为了程序的安全性,要确保函数不修改实参(结构成员的值)等情况下,才使用结构变量作参数。

与数组和指向数组的指针可以作为函数参数一样,结构数组和指向结构数组的指针也可以作为函数参数,这里就不进一步讨论了。

10.4　动态数据结构

本书到目前为止讨论的数据都是静态的,静态数据的特点是在使用前都必须事先定义或说明,由系统为它们分配相应的存储空间。例如:

```
int i;
float score;
char name[20];
```

系统为变量 i 分配 2 字节,为 score 分配 4 字节,为 name 数组分配 20 字节。

在程序设计中,用静态数据可以解决不少问题,但是有些问题使用静态数据并不方便。例如,对于医院住院部的每个病员,可用以下结构类型来表示:

```
struct patient
{
    int num;
    char name[15];
    char symptom[80];
}
```

而对于全体病员可用以下结构数组描述：

```
struct patient sick[n];
```

其中 n 为病员人数。n 的值必须是事先确定的。但住院人数是变化的。若 n 的值给得太大,则会浪费存储空间;n 若太小,存储空间又不够用。另外,当有人入院或出院时,需要在数组中插入或删除数据元素,也很不方便。

解决这一问题的方法是采用动态存储分配技术,即在程序执行过程中,随病员的增减而分配相应大小的存储空间。

C 语言提供了动态存储分配的机制,可以构造动态的数据结构。

10.4.1 内存的动态分配和释放函数

C 语言的函数库中提供了供程序动态申请和释放内存空间的库函数 malloc、calloc 和 free。

malloc 函数的原型如下：

```
void * malloc(unsigned size)
```

函数调用 malloc(size)从系统提供的动态存储区中分配一片 size 字节的连续存储空间。malloc 函数返回这片连续存储空间的起始地址;如果因为动态存储区已分配完,不能满足这次申请分配要求,malloc 函数将返回一个空值(NULL)。

calloc 函数的原型如下：

```
void * calloc(unsigned n,unsigned size)
```

函数调用 calloc(n,size)在动态存储区中分配 n 个长为 size 个字节的连续空间,并将该空间的值初始化为 0。calloc 函数返回该连续空间的起始地址;如果分配不成功,则返回空值。

calloc 函数需要用到两个参数：分配的存储块中数据项的个数和每个数据项的大小。在为数组分配存储块时,calloc 函数特别有用。

free 函数的原型如下：

```
void free(void * ptr)
```

函数调用 free(ptr)释放由 ptr 所指向的内存区。ptr 所指向的内存区地址是调用函数 malloc 或 calloc 的返回值。

10.4.2 链表

利用指针和动态存储分配技术可以构造许多有用的动态数据结构,如链表、树、图等,链表是其中最基本的结构。

1. 链表的基本概念

图 10.2 表示一种最简单的链表结构。

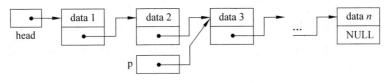

图 10.2　链表的基本结构

链表由称为结点的元素组成。每个结点都应包含两部分内容：一是数据部分，它存放需要处理的数据，这部分可根据需要由多个数据成分构成；二是指针部分，这部分存放的是下一个结点的地址，链表中的每个结点是通过指针链接起来的。

在 C 语言中，每个结点可用一个结构变量来描述。为讨论方便，假定每个结点的结构类型定义如下：

```
struct node
{
    char data;
    struct node * next;
};
```

该结构类型有两个成员：一个是字符型变量 data，是结点的数据部分；另一个是指针变量，它是指向 struct node 结构变量的指针，通过它把每个结点链接起来。

在链表的操作中，需要一个指向链表第一个结点的指针，称为头指针，如图 10.2 中的 head，通过它可以设法搜索到链表中的每一个结点。链表的最后一个结点（即表尾结点）的指针的值为 NULL。链表中还可以用一个指针变量 p 来指向链表中的某一结点，引用由 p 指向的结点的数据可表示为

```
p->data
```

引用由 p 指向的结点的指针可表示为

```
p->next
```

实际上 p->next 表示 p 所指向结点的下一个结点地址。

2．链表的操作

链表是一种动态数据结构，对它的操作主要包括建立链表、输出链表、查找结点、插入结点、删除结点等。

1）链表的建立

链表的建立过程是从空链表开始，逐渐增加链表上的结点的过程。下面通过一个简单的例子说明建立链表的过程。

例 10.7　编写函数，建立一个字符串链表。

算法思想：从空链表出发，每输入一个字符串，向系统申请一个结点的存储空间，将输入字符串存入新结点，并将其接于链表表尾。输入结束，返回链表的头指针。

根据上述算法思想，在建立链表的过程中，要用 3 个指针：头指针 head，用来指向链

表表头;尾指针 tail,用来指向表尾结点;指针 p,用来指向新结点。

　　将新结点接在链表表尾要区分两种情况:一是原链表为空链表,没有结点;二是原链表有结点。这两种情况下接入新结点的操作是有区别的。图 10.3 是在空链表上接入一个新结点的示意图。

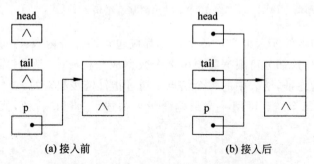

图 10.3　在空链表上接入一个新结点

这时接入新结点的操作为

```
head=tail=p;
```

图 10.4 是在非空的链表表尾结点之后接入一个新结点的示意图。

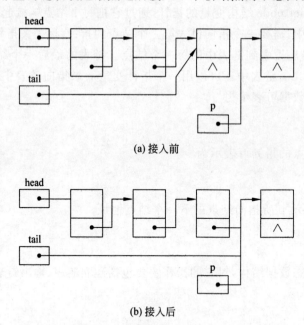

图 10.4　在非空链表表尾结点之后接入一个新结点

这时接入新结点的操作为

```
tail->next=p;
tail=p;
```

程序如下:

```
#include <stdio.h>
struct snode
{
    char name[15];
    struct snode * next;
};

struct snode * create_list(int n)
{
    int i;
    struct snode * head, * tail, * p;
    head=tail=NULL;
    for(i=0;i<n;i++)
    {
        p=(struct snode * )malloc(sizeof(struct snode));
        printf("请输入 5 个姓名：\n");
        scanf("%s",p->name);
        p->next=NULL;
        if(head==NULL)
            head=tail=p;
        else
        {
            tail->next=p;
            tail=p;
        }
    }
    return head;
}

void main()
{
    struct snode * q;
    q=create_list(5);
    while(q!=NULL)
    {
        printf("以下是您刚才输入的 5 个姓名：%s\n",q->name);
        q=q->next;
    }
}
```

运行时出现以下提示：

请输入 5 个姓名：

输入以下 5 个字符串：

```
Wang Hong
Ling Jian
Zhang Ming
Li Fang
Zhao Ping
```

结果如下：

以下是您刚才输入的 5 个姓名：
```
Wang Hong
Ling Jian
Zhang Ming
Li Fang
Zhao Ping
```

上面的函数定义中有几点请注意：

(1) 函数 create_list 返回链表头指针，其类型为(struct snode *)，即指向 struct snode 结构的指针。

(2) 函数定义中，调用 malloc 时的实参 sizeof(struct snode)是一个表达式，用来计算存储一个链表结点数据所需的字节数。由于 malloc 函数的返回类型为(void *)，所以需要强制转换成存储对象的指针类型(struct snode *)。

(3) 函数定义中，链表新结点总是接在链表末尾，有时需要将新结点插在链表第一个结点之前，即让新结点总是作为第一结点，这时变量 tail 就不需要了，create_list 可改写如下：

```
struct snode * create_list(int n)
{
    int i;
    struct snode * head, * p;
    head=NULL;
    for(i=0;i<n;i++)
    {
        p=(struct snode * )malloc(sizeof(struct snode));
        printf("请输入 5 个姓名：\n");
        scanf("%s",p->name);
        p->next=head;
        head=p;
    }
    return head;
}
```

2) 输出链表

输出链表就是从表头到表尾依次输出链表中各结点的数据。要输出链表，首先要知道表头结点的地址，即 head。

```
void print_list(struct snode * head)
{
    struct snode * p;
    p=head;
    while(p!=NULL)
    {
        printf("%s\n",p->name);
        p=p->next;
    }
}
```

程序中的 while 语句含义为：如果链表为空，则没有输出；否则依次输出各结点的数据。

```
p=p->next;
```

使 p 指向下一个结点。在输出最后一个结点的数据后，p->next 为 NULL，循环结束。

有了链表的建立和输出函数，就可以编写主函数来测试它们。

```
void main()
{
    struct snod * head;
    head=create_list(5);          /*调用建立链表函数*/
    print_list(head);             /*调用输出链表函数*/
}
```

用上面的 main 函数和 print_list 函数代替例 10.7 中的主函数 main，其结果是相同的。

3）查找结点

查找结点操作是给定一个数据，查找链表中是否有与此数据相同的结点，如果有，返回该结点的地址，否则返回空值。

```
struct snode * search_list(struct snode * head,char * s)
{
    struct snode * p;
    p=head;
    while(p!=NULL)
    {
        if(strcmp(p->name,s)==0)
            return p;
        p=p->next;
    }
    return NULL;
}
```

形参 s 用来指向给定的数据。查找是从表头指针 head 开始的，如果找到了，就停止查找过程,返回该结点的地址。

4) 插入结点

前面讨论的建立链表操作也是一个不断插入新结点的过程,不过那里新结点只考虑插在表头或表尾。这里讨论的插入结点操作是在一个链表中指定结点的后面插入一个新结点。如图 10.5 所示,要在 Li 结点之后插入 Liu 结点,设 q 指向指定的结点(如 Li),p 指向待插入的新结点(如 Liu)。

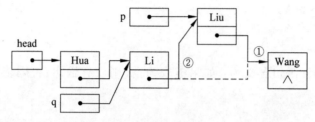

图 10.5　插入新结点

将新结点 Liu 插到指定结点 Li 后面的操作可由两个赋值语句实现:

```
p->next=q->next;
q->next=p;
```

第一个赋值语句对应图 10.5 中实线①的连接,第二个赋值语句对应图 10.5 中实线②的连接,并断开虚线连接,从而把 Liu 结点插入到链表 Li 结点之后。

下面的函数实现了上述功能。它需要 3 个参数:表头指针 head、指定结点的数据 s1、待插入结点的数据 s2。

```
struct snode * insert(struct snode * head,char * s1,char * s2)
{
    struct snode * p,* q;
    q=search_list(head,s1);
    if(q!=NULL)
    {
        p=(struct snode * )malloc(sizeof(struct snode));
        strcpy(p->name,s2);
        p->next=q->next;
        q->next=p;
    }
    return head;
}
```

这个函数要调用 search_list 函数找到指定结点的地址,并将其赋予 q。若 q 非空,说明指定的结点存在,执行插入操作,否则不执行插入操作。

5) 删除结点

删除结点是从链表中删除一个指定的结点。首先要查找这个结点,如果找到,就将其删除,否则不执行删除结点。

　　删除结点比插入结点要复杂一些,一般情况下(删除中间结点),要保证删除一个结点后仍然是链表,需要在删除后将被删除的结点的前一个结点与后一个结点相连,因此还需要知道被删除的结点的前一个结点的指针。

　　例如,要删除结点 Li,首先要找到该结点,需要设置两个指针 p1、p2,开始时使 p1 指向表头 head,如果 p1 指向的不是要找的结点,并且后面还有结点,则 p1 后移,执行如下操作:

```
p2=p1;
p1=p1->next;
```

如果 p1->name 与 Li 一致,则找到了要删除的结点,这里又有两种情况:

(1) 若 Li 是第一个结点,删除过程如图 10.6 所示。这时执行的操作为

```
head=p1->next;
```

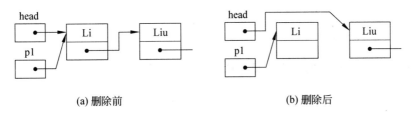

(a) 删除前　　　　　　　　　　　(b) 删除后

图 10.6　删除链表表头结点

(2) 若 Li 不是第一个结点,删除过程如图 10.7 所示。这时执行的操作为

```
p2->next=p1->next;
```

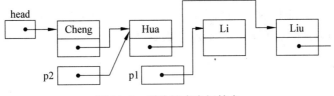

图 10.7　删除链表中间结点

根据上面的分析可以写出以下函数:

```
struct snode * delete(struct snode * head,char * s)
{
    struct snode * p1, * p2;
    p1=head;
    while(strcmp(p1->name,s)!=0 && p1->next!=NULL)
    {
        p2=p1;
        p1=p1->next;
    }
    if(strcmp(p1->name,s)==0)        /*若找到,则删除*/
```

```
    {
        if(p1==head)                /* p1 在表头位置 */
            head=p1->next;
        else                        /* p1 在中间位置 */
            p2->next=p1->next;
        free(p1);
    }
    return head;
}
```

10.5 联 合

联合也是一种构造型的数据类型,它的定义和说明在形式上与结构很相似,但它们在使用内存的方式上有本质的区别。

10.5.1 联合的定义

联合是由类型不相同的若干成员组成的,它的一般定义形式为

```
union   联合类型名
{
    成员表
};
```

其中 union 是保留字。联合的定义方式与结构很相似,两者的根本区别是联合的成员表的所有成员在内存中从同一地址开始存放。

例如,现在有 3 种不同类型的数据,分别是 int 型、char 型和 float 型,为使它们共用同一地址开始的内存单元,可以将它们定义成联合类型:

```
union data
{
    int i;
    char c;
    float r;
}
```

这样,这 3 个不同类型的成员就从同一地址开始存储,如图 10.8 所示。

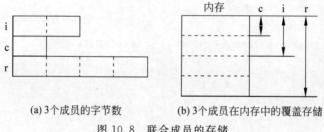

(a) 3 个成员的字节数   (b) 3 个成员在内存中的覆盖存储

图 10.8 联合成员的存储

可见,联合是多种类型数据的覆盖存储,联合的存储区域的大小至少要等于其中字节数最大的一种数据的存储量。

10.5.2　联合变量的说明与引用

定义了联合类型以后,就可用它来说明联合变量。例如:

```
union data d1,d2,* p;
```

也可以将类型定义和变量说明同时进行。例如:

```
union data
{
    int i;
    char c;
    float r;
}d1,d2,* p;
```

联合变量的引用方法与结构变量相同。例如:

```
d1.i=10;
d1.c='a';
d1.r=2.5;
```

也可以定义并使用指向联合变量的指针。例如:

```
union data * p;
p=&d1;
p->i=10;
P->r=2.5;
```

联合虽然在定义、说明和引用形式上与结构很相似,但它们是有本质区别的:结构中的成员是一个分量,它们各自占有专用的存储区域,可以同时引用它们;而联合的各成员共用同一块存储区域,它们不能同时存在,任一时刻联合变量中只能有一个成员在起作用。

使用联合变量时应注意如下两点:

(1) 由于联合变量中的各个成员共用一块存储区域,所以在任一时刻,只能有一种类型的数据存放在联合变量中,也就是说,在任一时刻只有一个成员有效,其他成员则无意义。

联合变量中起作用的成员是最后一次存放的成员。在存入新的成员后,原有的成员就失去作用。例如,有以下赋值语句:

```
d1.i=5;
d1.c='a';
d1.r=2.5;
```

在完成上面的操作后,只有 d1.r 是有效的,d1.i 和 d1.c 就没有意义了。

(2) 联合变量的地址和它的成员地址都是同一地址。例如,&d1、&d1.i、&d1.c、&d1.r 都是同一地址。

使用联合可以在一个存储区域内管理不同类型的数据,可以根据处理的需要保存其中任何一种类型的数据,这样有利于节省存储空间。但它带来的副作用也是明显的,随着硬件技术的迅速发展,这种机制的应用也就不像结构那样普遍了。

10.6 枚   举

在 C 程序设计中,如果一个变量只有几种可能值,可以直接用名字表示这些值,并把它们一一列举出来,变量的取值范围只限于列举出来的那些名字。C 语言把这类数据定义为枚举类型。使用枚举类型可提高程序描述问题的直观性。枚举类型定义的一般形式如下:

```
enum 枚举类型名{标识符 1,标识符 2,…,标识符 n};
```

其中 enum 为保留字,大括号内的标识符为枚举元素或枚举常量。例如:

```
enum weekday {sun,mon,tue,wed,thu,fri,sat}
```

定义了一个枚举类型 enum weekday。

定义了枚举类型之后,就可以用它来说明枚举变量。例如:

```
enum weekday today,nextday;
```

today、nextday 被说明为枚举类型 weekday 的变量,它们只能在枚举类型 weekday 的定义中所枚举出来的元素 sun 到 sat 范围内取值。例如:

```
today=sun;
nextday=mon;
```

和结构类型一样,也可以在定义枚举类型的同时说明枚举变量。例如:

```
enum weekday {sun,mon,tue,wed,thu,fri,sat} today,nextday;
```

或

```
enum {sun,mon,tue,wed,thu,fri,sat} today,nextday;
```

再举一些枚举类型的例子:

```
enum colors {red,yellow,blue,white,green,black};
enum fruits {apple,orange,banana,pear};
```

枚举类型中的标识符称为枚举元素或枚举常量,是程序定义的名字,它的字面意义可使阅读程序时易于理解。编译系统把标识符作为常量处理,每个常量与一个整数相对应,值的大小由它们在枚举元素列表中出现的顺序位置确定,依次为 0,1,2…。例如,在上面的定义中,sun 的值为 0,mon 为 1,tue 为 2,…,sat 为 6。因此,当把枚举值赋予枚举变量

时,该变量的值实际上是一个整数。例如:

```
today=sat;
```

是将 6 赋予 today,而不是将字符串 sat 赋予 today。枚举变量的值也可输出。例如:

```
printf("%d\n",today);
```

将输出整数 6。

使用枚举类型数据时应注意以下问题:

(1) 枚举类型定义中的枚举元素都用标识符表示,但都是常量,不要与变量混淆。

(2) 每个枚举元素都有确定的整数值,其默认值按顺序依次为 0,1,2 ,…。

也可以在枚举类型定义时显式地给出枚举元素的值。例如:

```
enum weekday{sun=7,mon=1,tue,wed,thu,fri,sat};
```

它定义了 sun 的值为 7,mon 的值为 1,以后顺次加 1,即 tue 为 2,sat 为 6。

(3) 枚举变量不能直接被赋予一个整数值。例如:

```
today=2;
```

是错误的。但可将一个整数值经强制类型转换后赋予枚举变量。例如:

```
today= (enum weekday)2;
```

它相当于

```
today=tue;
```

(4) 枚举值可用来作比较,也可用作循环控制。例如:

```
if(today==sun)…;
if(nextday>sun)…;
for(day=mon;day<=fri;day++)…;
```

(5) 枚举变量不能直接输入输出。例如:

```
day=sat;
printf("%s",day);
```

其中第二句是错误的,这是因为 day 所具有的值 sat 是整型值 6,而不是字符串,只可以作为整型量直接输出:

```
printf("%d",day);
```

如果要输入输出枚举变量的值,则必须进行适当的转换。

例 10.8　编写程序,已知某日是星期几,求下一天是星期几。

```
#include <stdio.h>
enum weekday {SUN,MON,TUE,WED,THU,FRI,SAT};
enum weekday nextday(enum day d)
```

```
    {
        return(enum weekday) ((int)d+1)%7;
    };

    void main()
    {
        enum weekday d1,d2;
        static * name[]={"SUN","MON","TUE","WED","THU","FRI","SAT"};
        d1=SAT;
        d2=nextday(d1);
        printf("%s\n",name[(int)d2]);
    }
```

运行结果：

SUN

程序说明：

（1）函数 nextday 的参数是枚举类型变量，用来接收某日的星期几；函数返回的值是下一日的星期几，也是枚举类型。

（2）枚举元素的标识符具有整型值。枚举变量与整型值的类型不同，可以进行强制类型转换。

（3）枚举变量的输出可以通过间接的方法实现。本例中用指针数组的下标对应字符串的方法。在实际编程中也常用 switch 语句：

```
    switch(d2)
    {
        case sun:printf("%s\n","sun");
            break;
        case mon:printf("%s\n","mon");
            break;
        case tue:printf("%s\n","tue");
            break;
        ⋮
        case sat:printf("%s\n","sat");
    }
```

10.7 类型定义

在 C 语言中，程序员除了可直接用 C 语言提供的标准类型名和自己定义的类型名外，还可以用类型定义来定义类型名。所谓类型定义并不是定义新类型，而是在已有类型的基础上给某种类型起个新的名字。这样做可以简化书写，提高程序的可读性和可移植性。

类型定义的一般形式如下：

typedef　已有类型名　新类型名

其中 typedef 为保留字，已有类型名包括 C 语言中的所有基本类型名和构造类型名，新类型名则是程序员为已有类型起的新名字。

10.7.1　基本数据类型的重新命名

基本数据类型都可重新命名。例如：

```
typedef int INTEGER;
typedef float REAL;
```

给类型 int 起了新的名字 INTEGER，给 float 起了新的名字 REAL。程序中在能用 int 的地方都可用 INTEGER 代替，能用 float 的地方都可用 REAL 代替。例如：

```
INTEGER i,j;
REAL x,y;
```

这样重新命名使类型名称的含义更加明确，也使一些熟悉 Pascal、FORTRAN 的人编写或阅读 C 程序更加习惯。

又如，通过以下类型定义和变量说明，更能反映程序中变量 i、j 的作用是计数，从而提高了程序的可理解性。

```
typedef int COUNT;
COUNT i,j;
```

给类型定义新的名字，也能提高程序的可移植性。例如，有些中小型机一个 int 型变量占 4 字节。若要把其上的 C 程序正确移植到微机上（微机上 int 型一般占 2 字节），只需要将程序最前面的 typedef int INTEGER 定义改为

```
typedef long INTEGER;
```

则后面程序中所有用 INTEGER 说明的变量都是 long 型，占 4 字节。

10.7.2　用新类型名代替构造类型名

构造类型如结构类型、联合类型、枚举类型等，书写较麻烦，可利用 typedef 定义一个简短、明确的名字。例如前面定义过的 struct student 类型，可用 typedef 来简化类型定义：

```
typedef struct student
{
    int num;
    char name[15];
    char sex;
    int age
    float score
} STUDENT;
```

定义以后,凡是用 struct student 说明变量或函数参数的地方均可用 STUDENT 替换。例如:

```
STUDENT st1,st2;
```

说明了两个结构变量 st1、st2。又如:

```
typedef enum {red, yellow, green} COLOR;
COLOR c1,c2;
```

把枚举类型取名为 COLOR,书写更简短,意义更明确。

10.7.3 用新类型名定义数组和字符串

数组是一种构造类型,也可为它定义新类型名。例如:

```
typedef int COUNT[20];
```

定义 COUNT 为含有 20 个整数元素的数组类型。利用它可以说明变量:

```
COUNT a1,a2;
```

说明了 a1、a2 为整型数组,含有 20 个元素。又如:

```
typedef char NAME[20];
NAME name1,name2;
```

定义了含有 20 个字符的字符数组类型 NAME,name1、name2 为 NAME 型的字符数组。再如:

```
typedef char * STRING;
STRING P,S[20];
```

定义了 STRING 为字符指针类型,P 为字符指针变量,S 为字符指针数组。

最后应强调指出,typedef 定义只是对已存在的类型增加一个新的类型名,并没有创造出新的类型。另外在应用中,typedef 和 ♯define 有相似之处。例如:

```
typedef int INTEGER;
#define INTEGER int
```

其作用都是用 INTEGER 代替 int。但二者又是不同的: ♯define 是在预处理时作简单的替换;而 typedef 是在编译时处理,这种处理并不是简单的替换。

10.8 应 用 举 例

例 10.9 建立一个学生链表,每个学生的信息包括学号、姓名、成绩。要求:
(1) 输入学生信息,建立链表。
(2) 输出链表中全部学生信息。
(3) 根据姓名检索学生的信息。

（4）打印成绩不及格学生的名单。

程序如下：

```
#include <stdio.h>
#include <string.h>
#include <conio.h>
#include <stdlib.h>

typedef struct stu_snode
{
    int num;
    char name[15];
    float score;
    struct stu_snode * next;
} STUDENT;

void input_data(STUDENT * p)
{
    float a;
    printf("\n请输入学号:"); scanf("%d",&p->num);
    printf("请输入姓名:"); scanf("%s",&p->name);
    printf("请输入成绩:"); scanf("%f",&a);
    p->score=a;
}

STUDENT * create_list()
{
    char c;
    STUDENT * head,* tail,* p;
    head=tail=NULL;
    while(1)
    {
        printf("添加一个学生信息？请选择(Y/N)");
        c=getch();
        if(c=='y'||c=='Y')
        {
            p=(STUDENT * )malloc(sizeof(STUDENT));
            input_data(p);
            p->next=NULL;
            if(head==NULL)
                head=tail=p;
            else
            {
                tail->next=p;
```

```
                        tail=p;
                }
        }
        else
            break;
    }
    return head;
}


void print_list(STUDENT * head)
{
    STUDENT * p;
    p=head;
    printf("以下是学生信息：\n");
    while(p!=NULL)
    {
        printf("%-6d%-16s%6.1f\n",p->num,p->name,p->score);
        p=p->next;
    }
}


void below_60(STUDENT * head)
{
    STUDENT * p;
    int count=0;
    p=head;
    printf("以下是不及格学生的信息：\n");
    while(p!=NULL)
    {
        if(p->score<60)
        {
            count++;
            printf("%-6d%-16s%6.1f\n",p->num,p->name,p->score);
        }
        p=p->next;
    }
    printf("Disqualified:%d\n",count);
}


void fd_name(STUDENT * head)
{
    char name[15];
    STUDENT * p;
    int find=0;
```

```
        printf("\n请输入姓名:");
        scanf("%s",name);
        p=head;
        while(p!=NULL)
        {
            if(strcmp(p->name,name)==0)
            {
                find=1;
                printf("%-6d%-16s%6.1f\n",p->num,p->name,p->score);
            }
            p=p->next;
        }
        if(!find)
            printf("没找您所查找的学生!\n");
    }

    void main()
    {
        STUDENT * head;
        head=create_list();
        print_list(head);
        below_60(head);
        fd_name(head);
    }
```

　　该程序根据题目要求编成 6 个函数,每个函数都有独立的功能。create_list 是用来建立链表的,每增加一个新结点,用 malloc 函数动态申请一块存储空间。数据由 input_data 函数输入。print_list 是从表头开始依次输出各结点的值。fd_name 根据名字检索学生的信息。below_60 用来输出不及格学生的有关信息。

　　例 10.10　编写程序实现下述要求:已知口袋中有红、白、黄、蓝、黑 5 种球若干个,依次从中取出 3 个球,打印输出每次取出 3 种不同颜色的球的所有组合。

　　程序中采用枚举类型变量,i、j、k 代表取出的球,是 5 种颜色的球之一,且 i≠j≠k。可以用穷举法一一地试,输出所有符合条件的组合。

　　程序如下:

```
#include <stdio.h>
enum color {red,yellow,blue,white,black};
enum color i,j,k,p;
void main()
{
    int n=0,m;
    for(i=red;i<=black;i++)
      for(j=red;j<=black;j++)
        if(i!=j)
```

```
        for(k=red;k<=black;k++)
            if((k!=i) &&(k!=j))
            {
                n++;
                printf("%-4d",n);
                for(m=1;m<=3;m++)
                {
                    switch(m)
                    {
                        case 1:p=i;
                                break;
                        case 2:p=j;
                                break;
                        case 3:p=k;
                                break;
                    }
                    switch(p)
                    {
                    case red   :printf("%-10s","red");
                                break;
                    case yellow:printf("%-10s","yellow");
                                break;
                    case blue  :printf("%-10s","blue");
                                break;
                    case white :printf("%-10s","white");
                                break;
                    case black :printf("%-10s","black");
                                break;
                    }
                }
                printf("\n");
            }
    printf("\nTotal:%5d\n",n);
}
```

程序中定义了枚举类型,利用枚举变量值的有序性进行循环控制,又利用 switch 语句输出对应的字符串。读者可自行分析结果并上机运行。

10.9 习　　题

1. 定义一个有关时间的结构(包括时、分、秒),并从键盘上输入数据,然后显示输出。

2. 有 10 个学生,每个学生的数据包括学号、姓名、3 门课的成绩,从键盘上输入 10 个学生数据,要求输出 10 个学生的学号、姓名、3 门课的成绩及平均成绩。

3. 建立一个链表,每个结点包括学号、姓名、成绩。

(1) 输入一个学号,检索该学生的有关信息。

(2) 从链表中删去成绩低于 40 分的学生的结点。

4. 分析下面程序的输出结果。

```c
#include <stdio.h>
void main()
{
    union
    {
        int ig[6];
        char s[12];
    } try;
    try.ig[0]=0x4542;
    try.ig[1]=0x2049;
    try.ig[2]=0x494a;
    try.ig[3]=0x474e;
    try.ig[4]=0x0a21;
    try.ig[5]=0x0000;
    printf("%s\n",try.s);
}
```

5. 已知链表中的结点存放整数。编写函数,计算已知链表中的结点个数。

6. 13 个人围成一圈,从第 1 个人开始按顺序报号 1、2、3。凡报到 3 者退出圈子,当圈内不足 3 人时报号结束。找出退出圈子的成员、顺序以及最后留在圈中的人原来的序号。

7. 已知枚举类型定义如下:

```c
enum fruit {apple,orange,banana,tomato,pear};
```

从键盘输入一个整数,输出与该整数对应的枚举值的英文名称。

第 **11** 章　　　　　文　　件

文件是程序设计中的一个重要概念。很多情况下,数据的输入都是以文件方式提供的,输出结果常以文件形式保存。

本章重点:掌握数据文件的概念以及数据文件的建立、打开、读写和关闭使用的函数。

11.1　C 文件的概念

文件是信息的集合,它是数据存放在外部存储介质上的一种形式。在计算机中,对于要长期保存的信息,一定要以文件形式保存在磁盘、磁带等外部存储介质上。每个文件都有一个文件名。程序要访问外部存储介质上的数据,须先按文件名(包括路径)打开指定的文件,然后才能从中读取数据;程序要向外部存储介质存放数据,也须先打开一个文件,然后才能向它写入数据。

从广义上说,文件除了指存储在磁盘、磁带等外部存储介质上的数据外,还包括外部设备,例如读入数据的键盘和输出结果的显示器或打印机等都以设备文件形式进行管理和操作。

11.1.1　C 语言文件的特点

在 C 语言中,文件是一个逻辑概念,它把数据从外部存储介质读入到内存,或从内存输出到外部存储介质,都看成是字节流序列,一个字节挨着一个字节,中间没有其他界限,这一点和 Pascal 语言或其他高级语言是不同的,所以人们常常把 C 文件称作流(stream)。流与实际文件不同,各种实际文件相互间有差别,如磁盘文件可以随机读写,一个设备文件就不行。而流都是一致的,它在所有的实际文件中表现的特性都一样。这样就使 C 语言程序员在编程时只是在和流打交道,尽可能做到与具体的访问设备无关。

11.1.2 二进制流和字符流

如上所述,C 文件是一个字节流。一个字节既可用来表示一个二进制数,也可用来表示一个字符,由这两种字节序列组成的文件分别称作二进制文件(二进制流)和文本文件(字符流),虽然它们都是字节序列,但它们表示数据的形式和存储方式不同,所以 C 语言对它们要用不同的方法处理。

在文本文件(字符流)中,每个字节存放一个 ASCII 码,表示一个字符。每行用换行符"\n"(0x0a)作结束标志。文本文件的结束标志在 stdio.h 中定义为 EOF,可用来测试文件是否结束。例如,整数 10 000 用 ASCII 码形式表示占 5 字节,一字节对应一个字符,如图 11.1 所示。文本文件的优点是便于对字符逐个处理,也便于输出字符,数据可以用文本编辑器阅读;缺点是数据所占的存储空间较多,而且要花费转换时间(进行二进制与 ASCII 码间的转换)。

在二进制文件(二进制流)中,每个字节的存放与数据在内存中的存储形式一致,其中一字节并不表示一个字符。如图 11.1 所示,整数 10 000,用二进制形式表示占 2 字节。其优缺点与文本文件正好相反。

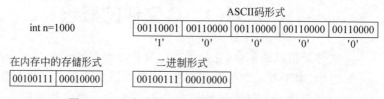

图 11.1　文本文件和二进制文件的存储格式示例

11.1.3 缓冲文件系统和非缓冲文件系统

C 系统对文件的处理方式有两种:缓冲文件系统和非缓冲文件系统。

1. 缓冲文件系统

缓冲文件系统是指系统自动地在内存中为每个正在使用的文件开辟一个缓冲区。当从内存向磁盘输出数据时,先将数据送到缓冲区,待缓冲区装满后,再一起送到磁盘文件保存;当从磁盘文件读入数据时,则一次从磁盘文件中将一批数据输入到内存的缓冲区中,然后再从缓冲区逐个地将数据送到程序数据区。缓冲文件系统的输入输出过程如图 11.2 所示。缓冲区的大小视具体的 C 语言系统而定,Turbo C 在 stdio.h 中定为 512B。

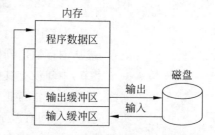

图 11.2　缓冲文件系统的输入输出

2. 非缓冲文件系统

非缓冲文件系统是指系统不自动在内存中开辟一个缓冲区,而由用户根据要处理的数据量在程序中设置数据缓冲区。

在 UNIX 系统中,通常用缓冲文件系统处理文本文件,用非缓冲文件系统处理二进制文件。1983 年 ANSI C 标准决定不采用非缓冲文件系统,而对缓冲文件系统加以扩充,使其既能处理文本文件,也能处理二进制文件,把它作为有关文件处理的 C 语言标准。本书按照 ANSI C 标准讨论缓冲文件系统及其输入输出。

11.2　文　件　指　针

在缓冲文件系统中,核心的概念是文件指针,无论是磁盘文件还是其他设备文件的输入输出都可以通过文件指针来进行。

一旦打开了一个文件,系统就在内存中建立一个文件信息区以存放该文件的有关信息。例如,在 Turbo C 的 stdio.h 中就为文件信息区定义了以下的数据类型:

```
typedef struct
{
    short          level;          /*缓冲区满的程度*/
    unsigned       flags;          /*文件状态标志*/
    char           fd;             /*文件描述符*/
    unsigned char  hold;           /*如无缓冲区,返回已读的字符*/
    short          bsize;          /*缓冲区大小*/
    unsigned char  *buffer;        /*缓冲区指针*/
    unsigned char  *curp;          /*当前位置指针*/
    unsigned       istemp;         /*临时文件标志*/
    short          token;          /*有效标志*/
} FILE;
```

也就是定义了一个 FILE 结构类型。每当打开一个文件,在内存中就建立了一个 FILE 类型的结构;如果要用到 n 个文件,就要建立 n 个 FILE 类型的结构。系统通过这些结构中的信息去管理正在处理中的文件。这些信息仅供系统内部使用,用户不能直接访问其中的任何成员,而要通过一个指向 FILE 结构类型的指针实现对文件的各种操作。例如:

```
FILE * fp;
```

定义了一个指向 FILE 结构类型的指针,简称文件指针。这样当文件指针 fp 指向某一文件时,就可以通过该指针来访问该文件。

在 stdio.h 中已经说明了几个标准文件指针变量,例如:

```
FILE * stdin;
FILE * stdout;
FILE * stderr;
```

它们分别是:标准输入文件(键盘),文件指针为 stdin;标准输出文件(显示器屏幕),文件指针为 stdout;标准出错信息文件(规定将错误信息显示在屏幕上),文件指针为 stderr。标准文件的特点是:在系统启动后,3 个标准文件被自动打开,用户可以直接对其进行操作;在退出系统后,3 个文件被自动关闭。

除了标准文件之外的所有磁盘文件和设备文件都是一般文件。它们与标准文件不同,必须遵循"打开→读写→关闭"的操作过程。

11.3 文件的打开与关闭

在程序中,对文件进行读写之前应该先打开文件,使用结束之后应关闭该文件。前面在对标准输入和输出设备进行操作时并没有这样做,这是因为系统已经自动管理了这些标准文件。当处理标准文件以外的一般文件时就必须对文件进行打开和关闭操作。这两个操作是通过调用库函数 fopen 和 fclose 实现的。

11.3.1 文件的打开——fopen 函数

ANSI C 规定了标准输入输出函数库,用 fopen 来实现打开文件。fopen 函数的说明为

```
FILE * fopen(char * filename,char * mode);
```

因此,fopen 函数的调用方式为

```
FILE  * fp;
fp=fopen(文件名,使用文件方式);
```

其中,文件名(包括目录路径)是一个字符串;使用文件方式指明文件的读写方式,也是一个字符串。例如:

```
fp=fopen("C:\\user\\prog.c","r");
```

它表示要打开 C 盘上 user 子目录中的 prog.c 文件,使用文件方式为"r"(表示读入),返回指向 prog.c 文件的指针,并赋予指针变量 fp。这样由操作系统管理的磁盘文件 prog.c 与程序中的文件指针变量 fp 建立了联系,或者说 fp 指向了 prog.c 文件。

可以看出使用 fopen 函数应注意以下几点:

(1) 被打开的文件名(包括目录路径),也就是要访问的文件名,是一个字符串表达式。注意:路径中的反斜线在文件名字符串中要用两个反斜线表示,前一个反斜线是转义字符。

(2) 使用文件方式也是一个字符串,用一个或几个字符组合表示,如表 11.1 所示。

表 11.1　使用文件方式

使用文件方式	意　义
"r"	只读,为读打开文本文件
"w"	只写,为写打开文本文件
"a"	追加,从文本文件尾开始写

使用文件方式	意　义
"rb"	只读,为读打开二进制文件
"wb"	只写,为写打开二进制文件
"ab"	追加,从二进制文件尾开始写
"r+"	读写,为读/写打开文本文件
"w+"	读写,为读/写建立并打开新的文本文件
"a+"	读写,为读/写打开文本文件
"rb+"或"r+b"	读写,为读/写打开二进制文件
"wb+"或"w+b"	读写,为读/写建立并打开新的二进制文件
"ab+"或"a+b"	读写,为读/写打开二进制文件

说明:

① 用只读方式打开一个文件,该文件必须已存在,否则打开文件操作失败。

② 用只写或读写方式打开一个文件,如原文件不存在,则新建立一个指定名的文件;如原文件已存在,则原文件的内容被删除。

③ 用追加方式打开文件,则数据添加到已存在文件的末尾或创建一个新文件。

(3) 调用后返回一个指向 FILE 的指针。如果不能实现打开任务,函数 fopen 返回一个出错信息。出错原因可能是:在读方式下打开一个不存在的文件,在写方式下磁盘空间满或磁盘出故障,等等。此时 fopen 函数将返回一个空指针值(NULL)。程序考虑到文件可能无法正常打开的情况,一般应对返回值进行检测:

```
if((fp=fopen(filename,"r"))==NULL)
{
    printf("Cannot open %s file.\n",filename);
    exit(0);
}
```

if 语句检查打开是否出错,如有错就显示不能打开文件的提示,并通过调用 exit 返回系统。

11.3.2　文件的关闭——fclose 函数

在用 fopen 函数打开一个文件时,返回指向该文件的指针,并赋予文件指针变量 fp。在使用完这个文件之后,应该关闭这个文件,"关闭"就是使文件指针不再指向该文件。可以用 fclose 函数关闭文件,其说明形式是

```
int fclose(FILE * fp);
```

关闭文件时可以调用 fclose 函数,其形式是

```
fclose(文件指针);
```

例如,要关闭文件指针变量 fp 所指向的文件,可以调用

```
fclose(fp);
```

这样就切断了 fp 和它所指向的文件的联系,同时返回一个整型值,0 表示正常关闭了该文件,非 0 表示关闭该文件时有错误。

应该养成在程序结束前关闭所有使用的文件的习惯,这样做有以下好处:

(1)可以避免可能的数据丢失。在写操作时,如果数据未填满缓冲区而程序结束运行,就会将缓冲区中的数据丢失。用 fclose 函数关闭文件可以避免这个问题,因为函数 fclose 先把缓冲区中的数据输出到文件中,然后才终止文件指针与文件之间的联系。

(2)系统规定的允许打开的文件数目是有限制的,及时关闭一些不用的文件,可以避免因打开文件太多而影响其他文件的打开操作。

(3)可以防止对该文件的误用。

11.4　文件的读写

一个文件被打开后,就可以对它进行读或写操作。所有对文件的读写操作都可以调用库函数中的文件读写函数来实现。下面介绍其中最常用的几个读写函数。

11.4.1　字符读写函数——fputc 和 fgetc

1. fputc 函数

该函数将一个字符写到指定的文件中。它的说明形式如下:

```
int fputc(char ch,FILE * fp);
```

其调用形式为

```
fputc(ch,fp);
```

其中,ch 是待输出的字符变量,fp 是文件指针。该函数将字符 ch 写到 fp 所指的文件中。该函数返回一个整型值,如调用成功则返回写入字符的 ASCII 代码值,失败时返回 EOF(即-1)。例如,下面一段程序将 a～z 共 26 个字母写入 fp 所指的文件中:

```
char c='a';
for(i=0,i<26;i++)
    fputc(c++,fp);
```

2. fgetc 函数

该函数从指定的打开的文件中每次读取一个字符。它的说明形式如下:

```
int fgetc(FILE * fp);
```

该函数的调用形式是

```
        c=fgetc(fp);
```

其中,fp 是文件指针,c 是一个 int 型变量。该函数从 fp 所指的文件中读一个字符,并将字符的 ASCII 代码值赋予变量 c。函数成功执行时带回所读的字符;如遇到文件结束或调用有错,返回 EOF。

在进行字符读写时,有两点需要说明。

(1) 关于文件结束标志。

在许多情况下,需要判断文件是否结束。对于文本文件,由于字符的 ASCII 代码值不可能是 -1,因此用 EOF(在 stdio.h 中定义为 -1) 作为文件结束标志;但对于二进制文件,读入某个二进制数的值可能是 -1,这就不能用 -1(EOF)来判断文件是否结束。为此,系统提供了函数 feof 用来判断文件是否结束。feof 函数对二进制文件和文本文件都适用。函数调用 feof(fp)来测试与 fp 相联系的文件当前状态是否为文件结束。若是,返回非 0 值;否则返回 0 值。

如果希望从文本文件依次读入字符,一直到文件末尾,则可用循环语句。例如:

```
charc;
while((c=fgetc(fp))!=EOF)
{
    …    /*对 c 进行处理*/
}
```

如果是从二进制文件依次读入字节信息(对文本文件同样适用),则可用

```
char c;
while(!feof(fp))
{
    c=fgetc(fp);
    …    /*对 c 进行处理*/
}
```

(2) 关于 getchar 和 putchar。

这是在第 3 章介绍的两个函数,用来输入和输出一个字符,实际上它们是由 fgetc 和 fputc 派生出来的两个宏,派生过程可以理解为

```
#define getchar() fgetc(stdin)
#define putchar(c) fputc((c),stdout)
```

其中 stdin 和 stdout 是标准设备文件键盘和显示器的指针。

例 11.1　将一个磁盘文件中的信息复制到另一个磁盘文件中。

```
#include <stdio.h>
void main()
{
    FILE * pin, * pout;
    char * fname1="abc.c", * fname2="abc.bak";
```

```
    if((pin=fopen(fname1,"r"))==NULL)
    {
        printf("Cannot open %s file.\n",fname1);
        exit(1);
    }
    if((pout=fopen(fname2,"w"))==NULL)
    {
        printf("Cannot open %s file.\n",fname2);
        exit(1);
    }
    while(!feof(pin))
        fputc(fgetc(pin),pout);
    fclose(pin);
    fclose(pout);
}
```

程序中使用了 fopen、fputc、fgetc、feof 和 fclose 等库函数。

11.4.2 字符串读写函数——fputs 和 fgets

1. fputs 函数

该函数将一个字符串写到指定的文件中。它的说明形式为

```
int fputs(char * str,FILE * fp);
```

其调用形式是

```
fputs(str,fp);
```

其中,fp 是文件指针,str 是字符串指针。该函数将 str 所指的字符串写到 fp 所指的文件中去。正常写入时返回写入文件的字符个数,否则返回 EOF。字符串的结束符'\0'不写入文件,也不在写入的字符串后面加上换行符。调用时,str 可以是字符指针、字符数组名和字符串常量。

例如,把字符串"china"写入 fp 所指的文件：

```
char * str="china";
fputs(str,fp);
```

2. fgets 函数

该函数从指定的文件中读取一个字符串,并存于字符指针所指的存储区域中。其说明形式如下：

```
char * fgets(char * str,int n,FILE * fp);
```

它的调用形式是

```
fgets(str,n,fp);
```

其中,fp 是文件指针,str 是字符指针或字符数组,n 是要读取的字符个数。该函数从 fp 所指向的文件中每次读取 n−1 个字符,或读取到换行符,或读取到文件结束,然后将读取的字符送到 str 所指定的存储区域。该函数返回读入字符串的首地址,调用有错时返回 NULL。送到 str 中的字符最后加'\0',使其成为字符串。

最后需要对 fgets 和 fputs 函数作一说明:第 5 章中提到了字符串读写函数 gets 和 puts,但要注意 gets、puts 不是 fgets、fputs 的特例,即使是用指针 stdin 和 stdout 作参数,这两组函数在处理字符串的功能上也是有区别的,结果也是不同的。主要表现在以下几点:

(1) gets 函数把从键盘(stdin)读入的换行符'\n'换成'\0',而 fgets 函数则把从文件(包括 stdin)读入的字符串末尾原有的换行符作为字符存储,然后才在末尾加上'\0'。

(2) gets 函数只能在遇到换行符(\n)时才停止输入,而 fgets 函数在参数中可以指定读入的字符长度。

(3) puts 函数把字符串结束标志'\0'转换为换行符后输出字符串,而 fputs 函数在输出字符串时丢掉字符串结束标志'\0'。

例 11.2 分析下面程序的输出结果。

```
#include <stdio.h>
char * s[]={"C","Pascal","Ada"};
int n[]={2,7,4};
void main()
{
    int i;
    char a[3][10];
    FILE * fp;
    fp=fopen("abc.txt","w");
    for(i=0;i<3;i++)
        fputs(s[i],fp);
    fclose(fp);
    fp=fopen("abc.txt","r");
    for(i=0;i<3;i++)
        fgets(a[i],n[i],fp);
    for(i=0;i<3;i++)
        printf("%s\n",a[i]);
    fclose(fp);
}
```

运行结果:

```
C
Pascal
Ada
```

本例中使用字符串写函数 fputs 将字符指针数组所指向的字符串写到 abc. txt 文件中，由于 fputs 函数去掉'\0'又不自动增加换行符，所以 abc. txt 文件中其实只有一行文本。然后，程序使用了字符串读函数 fgets，从 abc. txt 文件中取出字符，送到字符数组 a 中，由于在 fgets 中使用了指定的长度，所以仍能将原有的 3 个字符串区分开并分别读入。

本例中先为了写而打开文件，写完后关闭；然后又为了读而打开文件，读完后又关闭。前后两次打开、关闭，程序显得不够紧凑。当学习了后面有关文件位置指针的内容后，读者就可以很容易地将本程序改写得简练些，但仍保持原来的功能。

11.4.3 数据块读写函数——fread 和 fwrite

1. fread 函数

该函数是用来从指定文件中读取一组数据。它的说明形式如下：

```
int fread(char * buf,int size,int n,FILE * fp);
```

它的调用形式是

```
fread(buf,size,n,fp);
```

其中，buf 是一个指针，用来指向数据块在内存中的起始地址；size 表示一个数据项的字节数；n 是要读取的数据项的个数；fp 为文件指针。该函数从 fp 所指的文件中读取 n 个数据项，每个数据项为 size 字节，将它们读到 buf 所指向的内存缓冲区中。函数调用如果不成功，则返回 0；如果成功，则返回实际读入的数据项的个数。

注意：这个数也许是 n，也许是一个小于 n 的值，因为不能保证文件中肯定有 n 个项。

例如，要从某个文件中读取 10 个 float 型数据，存放到 buf 所指向的存储区，可以写成

```
fread(buf,sizeof(float),10,fp);
```

注意：不要把 fread 函数的第二个参数和第三个参数搞混了。思考下面这个函数调用：

```
fread(a,1,100,fp)
```

这里要求 fread 函数读入 100 个元素，且每个元素占有 1 字节，所以它返回 0～100 中的某个值。而下面的调用则要求 fread 函数读入一个有 100 字节的块：

```
fread(a,100,1,fp)
```

此情况中 fread 函数的返回值不是 0 就是 1。

2. fwrite 函数

该函数将一组数据写到指定的文件中。它的说明形式如下：

```
int fwrite(char * buf,int size,int n,FILE * fp);
```

它的调用形式是

```
fwrite(buf,size,n,fp);
```

其中,buf、size、n、fp 这几个参数与 fread 函数中的相同。该函数将 buf 所指向的缓冲区或数组内的 n 个数据项(每个数据项有 size 个字节)写到 fp 所指向的文件中。如果函数调用正常,返回实际写入的数据项数。

另外,由于 fread()和 fwrite()实际上是以二进制处理数据的,所以在程序中相应的文件应以"b"方式打开。

例 11.3(1)　编写程序,从键盘上输入 10 个实数,并存入 fdata.dat 文件中。

```
#include <stdio.h>
void main()
{
    int i;
    float data[10];
    FILE * fp;
    for(i=0;i<10;i++)
        scanf("%f",&data[i]);
    if((fp=fopen("fdata.dat","wb"))==NULL)
    {
        printf("Cannot open file fdata.dat.\n");
        exit(1);
    }
    fwrite(data,sizeof(float),10,fp);
    fclose(fp);
}
```

该程序从键盘上输入数据,输入的是字符流,经转换后以内部表示形式存于实型数组 data 中,然后利用 fwrite 函数以数据的内部表示形式存于文件 fdata.dat 中。

例 11.3(2)　编写程序,将磁盘文件 fdata.dat 中的 10 个数据读入内存,并在显示器屏幕上显示出来。

```
#include <stdio.h>
void main()
{
    int i;
    float data[10];
    FILE * fp;
    if((fp=fopen("fdata.dat","rb"))==NULL)
    {
        printf("Cannot open file fdata.dat.\n");
        exit(1);
    }
    fread(data,sizeof(float),10,fp);
```

```
    fclose(fp);
    for(i=0;i<10;i++)
        printf("%f\n",data[i]);
}
```

该程序利用 fread 函数将 fdata. dat 中的内部表示形式的数据读出,存于数组 data 中,最后转换成字符形式显示输出。

11.4.4 格式化读写函数——fscanf 和 fprintf

fscanf 和 fprintf 函数的作用与前面常用的 scanf 和 printf 函数类似,都是格式读写函数,只是它们的读写对象可以是一般文件。因此,其参数也多了一个文件指针(在 scanf 和 printf 中,因为使用的是标准设备文件指针 stdin 和 stdout,故可省略)。

1. fscanf 函数

fscanf 函数的一般调用形式如下:

```
fscanf(fp,格式控制字符串,输入表);
```

其中,fp 是文件指针,格式控制字符串和输入表的说明与 scanf 函数中的相同。该函数从 fp 所指的文件中按照格式控制字符串规定的输入格式给输入表中各输入项地址赋值。例如:

```
fscanf(fp,"%d%f",&a,&x);
```

表示从 fp 所指向的文件中,按照%d 和%f 格式分别为变量 a 和 x 读入数据。

fscanf 函数在 fp 为 stdin 时与 scanf 函数("%d%f",&a,&x)功能完全相同。

2. fprintf 函数

fprintf 函数的一般调用形式如下:

```
fprintf(fp,格式控制字符串,输出表);
```

其中,fp 是文件指针,其他参数说明与 printf 函数的相同。该函数是将输出表中各表达式的值按格式控制字符串中指定的格式写到 fp 所指的文件中。例如:

```
fprintf(fp,"a=%d,x=%f\n",a,x);
```

表示将整型变量 a 和实型变量 x 的值按双引号内的格式输出到 fp 所指的文件中。

fprintf 函数在 fp 为 stdout 时与 printf 函数("a=%d,x=%f",a,x)功能完全相同。

例 11.4 编写程序,使用 fscanf 和 fprintf 函数从键盘上输入一个字符串和一个整数并写到一个磁盘文件中,然后将它们从文件中读出,显示在屏幕上。

```
#include <stdio.h>
void main()
{
    char * str;
```

```
        int a;
        FILE * fp;
        if((fp=fopen("abc.txt","w"))==NULL)
        {
            printf("Cannot open file.\n");
            exit(1);
        }
        fscanf(stdin,"%s%d",str,&a);
        fprintf(fp,"%s\t%d",str,a);
        fclose(fp);
        if((fp=fopen("abc.txt","r"))==NULL)
        {
            printf("Cannot open file.\n");
            exit(1);
        }
        fscanf(fp,"%s%d",str,&a);
        fprintf(stdout,"%s\t%d",str,a);
        fclose(fp);
    }
```

利用 fscanf 和 fprintf 函数对磁盘文件进行读写很方便且易理解。但在输入时要将 ASCII 码转换为二进制码,输出时又要将二进制码转换成 ASCII 码,花费时间较多,因此在内存和磁盘频繁交换数据的情况下还是用 fread 和 fwrite 函数为好。

除了上面介绍的几组函数外,C 语言的函数库中还有一些用于文件读写的库函数,这里不再一一介绍,读者可参阅有关手册。附录 D 中列出了一些常用的文件读写函数。

11.5　文件的定位

C 语言的文件是一个字节流,用前面讨论的读写函数进行读写,只能是顺序读写,每读写一次,文件中指向当前位置的指针自动指向下一个位置。然而在有的情况下要对文件进行随机读写,这时就需要用定位函数来使文件指针指向给定的位置,然后再进行文件读写。

11.5.1　rewind 函数

rewind 函数用来使文件指针重新回到文件的开头。它的调用形式如下:

```
rewind(fp);
```

其中,fp 是文件指针。该函数调用后将文件指针重新置于文件的开头。该函数常用于对指定文件需要两次从头开始操作的情况。

例 11.5　编写程序,使磁盘文件 abc.txt 先在显示器屏幕上显示,然后将其复制到另一个磁盘文件 abc.bak 中。

```
#include <stdio.h>
```

```
void main()
{
    FILE * fp1, * fp2;
    fp1=fopen("abc.txt","r");
    fp2=fopen("abc.bak","w");
    while(!feof(fp1)) putchar(getc(fp1));
    rewind(fp1);
    while(!feof(fp1)) putc(getc(fp1),fp2);
    fclose(fp1);
    fclose(fp2);
}
```

程序中,第一个循环显示文件 abc. txt。循环结束后,文件 abc. txt 的指针已指到文件末尾,此时 feof 函数的值为非 0 值。然后执行 rewind 函数,又使文件指针回到 abc. txt 的开头,并使 feof 函数值恢复为 0。最后再开始第二个循环,完成文件的复制工作。

11.5.2 ftell 函数

ftell 函数用来得到文件指针的当前位置。它的调用形式如下:

```
i=ftell(fp);
```

其中,fp 是文件指针。该函数用来得到 fp 在文件中的当前位置,用相对于文件开头的偏移量来表示,单位是字节,类型为 long 型。如果出错,函数返回值为-1L。例如:

```
i=ftell(fp);
if(i==-1L)printf("error\n");
```

变量 i 存放当前位置,如为-1L,表示出错,输出错误信息 error。

11.5.3 fseek 函数

fseek 函数用来移动文件指针,它的调用形式如下:

```
fseek(fp,offset,origin);
```

其中,fp 是文件指针;offset 为偏移量,表示相对于起始点向后移动的字节数,类型为 long 型;origin 为用来计算偏移量的起始点,可以设置 3 个起始点: 0 表示起始点在文件开头,1 表示起始点在文件指针当前位置,2 表示起始点在文件末尾,这 3 个起始点在 stdio. h 中定义了相应的符号常量,如表 11.2 所示。

表 11.2 fseek 的 3 个起始点

数字	符号常量	起始点
0	SEEK_SET	文件开头
1	SEEK_CUR	文件当前位置
2	SEEK_END	文件末尾

该函数的作用是将文件指针移到由起始点开始、偏移量为 offset 的字节处。例如：

```
fseek(fp,30L,0);                    /*将文件指针移到离文件开头 30 字节处*/
fseek(fp,50L,1);                    /*将文件指针移到当前位置后 50 字节处*/
fseek(fp,-20L,2);                   /*将文件指针移到离文件末尾 20 字节处*/
```

该函数一般用于二进制文件。文本文件要进行字符转换，计算位置时容易产生混乱。

例 11.6　分析下面程序的输出结果。

```
#include <stdio.h>
void main()
{
    int i,a,b;
    FILE * fp;
    if((fp=fopen("ab.dat","w+"))==NULL)
    {
        printf("Cannot open file.\n");
        exit(1);
    }
    for(i=0;i<20;i++)
        fprintf(fp,"%5d",i+1);
    printf("Input a:");
    scanf("%d",&a);
    for(i=5*a;i<5*(5+a);i+=5)
    {
        fseek(fp,(long)i,0);
        fscanf(fp,"%d",&b);
        printf("%d\t",b);
    }
    fclose(fp);
}
```

运行时出现以下提示：

```
Input a:
```

输入 10，结果如下：

```
11    12    13    14    15
```

程序中使用的有关文件操作函数有 fopen、fprintf、printf、scanf、fscanf、fseek、fclose 等。读者可在掌握这些函数功能的基础上对程序进行分析，并上机调试。

11.6　输入输出重定向

简单的程序通常从标准输入文件(键盘)读入数据，将程序结果输出到标准输出文件 (如显示屏)。本章介绍的 C 语言提供的各种读写函数可以使程序从一般文件(如磁盘文件)中读入数据,将输出结果存放到一般文件上。此外,一些操作系统还提供了输入输出重定向技术,请注意这里的"重"字,说明程序原来是按某一输入和输出方向设置的,而在程序执行时临时改变了输入或输出方向。

UNIX 和 DOS 都支持输入输出重定向。在程序执行的命令中,用输入换向符"<"能把标准输入改换成从某个文件输入,用输出换向符">"能把标准输出改换成向某个文件输出。

下面举一个简单的例子,说明输入输出重定向技术的使用。

```c
#include<stdio.h>
void main()
{
    int c;
    while((c=getchar())!=EOF)
        putchar(c);
}
```

这个程序的功能是,从标准输入文件(键盘)输入一个字符,向标准输出文件(显示屏)输出一个字符,一面输入一面输出,直到输入结束。该程序经编译、连接后生成可执行文件 fio.exe。

在执行这个程序时,数据的输入和结果的输出有以下几种来源和去向。

(1) 从键盘输入,在显示器上输出。这是程序原来设置的输入输出,程序执行命令如下:

```
fio
```

(2) 从键盘输入,在打印机上输出。在执行命令中可采用输出换向:

```
fio>prn
```

这里输入没有改变,而把原来送到显示屏的输出利用输出换向符改为向打印机输出。prn 在 DOS 中表示打印机文件,在 UNIX 中为 stdprn。

(3) 数据从磁盘文件 x.dat 中读取,结果仍在显示器上输出。这里输出方向未变,而数据的来源变了,所以要用输入换向符。这时程序执行命令为

```
fio<x.dat
```

(4) 数据从磁盘文件 x.dat 输入,结果保存到磁盘文件 y.dat 中。这时输入和输出方向都改变了,所以执行时的命令如下:

```
fio<x.dat>y.dat
```

上述输入输出重定向的方法也可以说是一种文件的处理方法,使用也比较方便、直观。不过这种方法有很大的局限性,不能解决复杂的数据处理问题。

11.7 应 用 举 例

例 11.7 编写程序,从键盘上输入学生信息,并把它们写到文件中。然后,从文件中读出,并把它们显示在显示器屏幕上。

```
#include <stdio.h>
#define N 40
typedef struct
{
    char name[20];
    int num;
    int score;
} STUD;
STUD st[N];
FILE * fp;

void main()
{
    int i;
    if((fp=fopen("st.dat","wb"))==NULL)
    {
        printf("Cannot open file st.dat.\n");
        exit(1);
    }
    printf("Enter data:\n");
    for(i=0;i<N;i++)
    {
        scanf("%s",&st[i].name);
        scanf("%d",&st[i].num);
        scanf("%d",&st[i].score);
    }
    if(fwrite(st,sizeof(STUD),N,fp)!=N)
    {
        printf("File write error.\n");
        exit(1);
    }
    fclose(fp);
    fp=fopen("st.dat","rb");
    fread(st,sizeof(STUD),N,fp);
    for(i=0;i<N;i++)
        printf("%s,%d,%d\n",st[i].name,st[i].num,st[i].score);
    fclose(fp);
}
```

通常用于在程序内部或程序之间传递数据的数据文件一般都使用二进制文件,这样数据在文件中的表示形式与在内存中的表示形式相同,不需要转换,能提高执行效率。

例 11.8 编写计算文件长度的程序。

```c
#include <stdio.h>
void main()
{
    long int i;
    FILE * fp;
    char filename[12];
    scanf("%s",filename);
    if((fp=fopen(filename,"rb"))==NULL)
    {
        printf("Cannot open file.\n");
        exit(1);
    }
    fseek(fp,0L,2);
    i=ftell(fp);
    printf("Filesize=%ld\n",i);
    fclose(fp);
}
```

该程序中首先打开要计算长度的文件,然后用 fseek 函数将文件指针移至文件末尾,再用 ftell 函数返回当前文件指针相对于文件开头的偏移量(为字节数),就是文件的长度。

11.8 习 题

1. 编写程序,从键盘读入 50 个整数,存入磁盘文件 idata. dat 中。

2. 编写程序,将上面建立的 idata. dat 中的 50 个整数读到内存中,并显示出来。

3. 编写程序,读入磁盘文件 a. txt,把其中的大写字母全部换成小写字母,存放在 b. txt 文件中。

4. 编写程序,用字符串读入函数 fgets 读取磁盘文件中的字符串,并用打印机输出。

5. 编写程序,统计一个文本文件中字符的个数。

6. 某文件中有 40 个字符,假定当前文件指针位置为 20。要将指针移至 30 处,fseek 函数有哪几种写法?

7. 编写程序,将文件 old. txt 从第 10 个字符开始复制到 new. txt 中。

8. 有两个磁盘文件 a 和 b,各存放一行字母。要求编写程序,将两个文件的内容读到内存中,并将其合并到一起(按字母顺序排列),然后输出到一个新文件中。

9. 有 5 个学生,每个学生有 3 门课成绩。编写程序,从键盘上输入学生数据(包括学号、姓名和 3 门课成绩),计算出平均成绩,将原有数据和计算出的平均成绩存放在磁盘文件 stud. txt 中。

第 **12** 章

上 机 实 验

实验 1　Visual C++ 系统与顺序结构程序设计

实验目的

- 熟悉 Visual C++ 编程环境。
- 熟悉顺序结构程序设计。
- 掌握输入输出函数的使用。

实验内容

(1) 阅读并上机调试程序,写出程序的输出结果。

```
#include <stdio.h>
void main()
{
    int i,j,k; float x,y; char c,d;
    scanf("%c%c",&c,&d);
    scanf("%d%d%d",&i,&j,&k);
    scanf("%f%f",&x,&y);
    printf("%5d%10d   %6d\n",i,j,k);
    scanf("%2.1f%10.2f\n",x,y);
    printf("%5c%10c\n",c,d);
}
```

运行时,输入如下两行数据:

```
ab
67 2 5 78.9 991.12
```

(2) 编写程序,实现下述功能。

从键盘输入一个整数,分别按照十进制、八进制、十六进制将其输出。

实验 2　选择结构程序设计

实验目的

- 掌握各种关系运算。
- 掌握运用各种判断语句编写程序的方法。

实验内容

（1）阅读并上机调试程序。

下面的程序的功能是：输入点 A 的平面坐标(x,y)，判断(输出)A 点是在圆内、圆外还是圆周上。其中，圆心坐标为(2,2)，半径为 1。

```c
#include <stdio.h>
void main()
{
    double x,y,c;
    printf("请输入坐标: ");
    scanf("%f%f",&x,&y);
    c=sqrt((2-x) * (2-x)+(2-y) * (2-y));
    if(c==1) printf("(%g,%g)在圆周上!\n",x,y);
    else if(c<1) printf("(%g,%g)在圆内!\n",x,y);
    else printf("(%g,%g)在圆外!\n",x,y);
}
```

（2）上机调试下面的程序并写出运行结果。

```c
#include<stdio.h>
void main()
{
    char a; int b;
    scanf("%c",&a);
    if((a>='a')&&(a<='h')) b=a+5;
    else b=a-2;
printf("%4c    %4c\n",a,b);
}
```

运行时，分别输入字母 b、F 和数字 9，查看输出结果。

（3）编写程序，完成下述功能。

输入两个字符，若这两个字符的 ASCII 码之差为偶数，则输出 ASCII 码值大的字符的后一个字符，否则输出 ASCII 码值小的字符的前一个字符。输出时，若给定字符的前一个字符或后一个字符超过可打印字符的范围，则以整数格式输出，并输出该字符没有可印刷形式的信息。

实验 3　循环结构程序设计

实验目的

- 掌握循环结构程序的设计方法,掌握 C 语言的 3 种循环语句的使用及循环退出的方法。
- 掌握循环嵌套结构程序的设计方法。
- 了解循环结构程序设计中常见的编程错误。

实验内容

(1) 阅读并改进程序。

下面的程序的功能是:若 n 和 n+2 同为素数,则称它们是一对孪生素数。输出 100 以内的所有孪生素数。每对孪生素数占一行。

```c
#include<stdio.h>
void main()
{
    int i,j,k,c=0,b;
    for(i=2;i<=99;i++)
    {
        b=1;
        for(j=2;j<i;j++)
            if(i%j==0){b=0;break;}
        if(!b)continue;
        k=i+2;
        for(j=2;j<k;j++)
            if(k%j==0){b=0;break;}
        if(!b) continue;
        c++;
        printf("%4d 和%5d 是一对孪生素数\n",i,k);
    }
    printf("\n 共找出%4d 对孪生素数\n",c);
}
```

程序中有两层循环,外层循环对 0～100 的整数进行处理,内层循环判断当前整数 n 和 n+2 是否均为素数。这个程序还有一些可以改进的地方,例如,判断是否为素数的循环次数可以更少。

注意:读程序是编程的一项重要技能,对于初学者来说,边输入边读、边执行边读、边调试边读是提高该项技能的捷径。输入程序时一定要注意程序的格式。例如,循环结构的程序一定要采用缩进格式,如上面的程序所示,这将给程序的阅读带来较大的方便。

(2) 编写程序,描述下列计算式,要求截断误差不超过 EPS。EPS 的定义为

```
#define EPS 1e-6
```

公式如下:

$$p(x) = 1 + \frac{x}{1!} + \frac{x^2}{2!} + \frac{x^3}{3!} + \cdots + \frac{x^n}{n!} + \cdots$$

提示:程序可以使用两层循环,外层循环对各项的值进行计算并累加,内层循环求 x^n 和 $n!$ 的值。也可以只采用一层循环,在循环体中既求 x^n 和 $n!$ 的值,又进行各项的累加。

由于循环的终止条件是根据某一项的值来判断的,所以外层循环需要用 while 或 do-while 语句来实现。

实验 4 程序调试

实验目的

- 掌握解决程序编译错误的方法。
- 学习跟踪调试可执行程序的方法。

实验内容

程序调试是程序设计中的重要环节。一个程序一般要经过很多次调试才能保证其基本正确。程序调试分为源程序语法错误的修改和程序逻辑设计错误的修改两个阶段,编辑器只能找出源程序语法错误,程序逻辑设计错误只能靠程序员利用调试工具来人工检查和修改。程序调试水平的高低与程序员的经验密切相关,程序调试水平也决定了程序员的编程能力。程序员在实际编程中应该熟练掌握各种调试工具的使用,这样才能更充分地利用功能强大的软件开发工具进行编程。

1. 解决程序的编译错误

在前面的实验中,大家一定遇到过这种情况:自己以为是正确的程序,其实存在着错误,不能编译通过。由此,初学者可能会感到解决程序中的错误很难,甚至比编程本身还难。在实际的编程中,程序要复杂得多,如果没有好的纠错技巧,就不可能顺利地完成编程任务。下面就介绍一些解决程序编译错误的简单技巧与经验。

例如,对于实验 3 的第二个程序,下面给出一个实现其功能的参考程序。为简单起见,程序中固定地求前 20 项,而不是根据精度来确定循环结束。

```
int main()
{
    int i,j=1,x;
    flaot e=1,fect=1;
    for(i=1,i<=20,i++)
    { j=j*x;
```

```
        fact=fact * i;
        e+=j/fact;
    }
    printf("%f\n",e);
    return 0;
}
```

原样输入上面的程序,编译结果如图 12.1 所示。

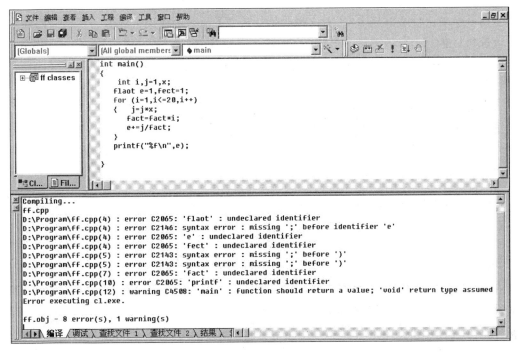

图 12.1　编译结果

从输出窗口中可以看出,程序中存在 8 个错误和 1 个警告。

对于程序中的语法错误,在执行编译、连接命令 Build(F7) 时,Visual C++ 6.0 编译器将在输出窗口给出语法错误信息,其格式为:

<源程序路径>(行):<错误代码>:<错误内容说明>

<错误代码>给出了源代码语法错误类别和编号。语法错误分为一般错误(error)和警告错误(warning)。当出现 error 时将不会生成可执行程序;而出现 warning 时能够生成可执行程序,但程序运行时可能发生错误,严重的 warning 还会引起死机现象。warning 比 error 更难以修改,应该尽量消除 warning。

error 出现的情况有很多种,如少写一个括号、分号或写错一个标识符。warning 出现的情况只有几种,如一个定义的变量没有使用、一个浮点值被赋值给一个整形变量以及一个函数有返回值却没有给出等。

在输出窗口中双击错误信息可以返回到源程序编辑窗口,并通过一个箭头符号定位到产生错误的语句行。

在输出窗口双击第一条出错信息：

```
D:\Program\ff.cpp(4): error C2065: 'flaot' : undeclared identifier
```

箭头定位到编辑窗口的第 4 行，通过检查发现浮点型关键字拼写出错，应将 flaot 改为 float。再看下面两条错误信息，分别为

```
D:\Program\ff.cpp(4): error C2146: syntax error : missing ';' before identifier 'e'
D:\Program\ff.cpp(4): error C2065: 'e' : undeclared identifier
```

这看起来比较难以理解，其实这些信息也是由于前面的错误造成的。重新编译程序，可以看到只剩下 4 个错误和 1 个警告了，如图 12.2 所示。

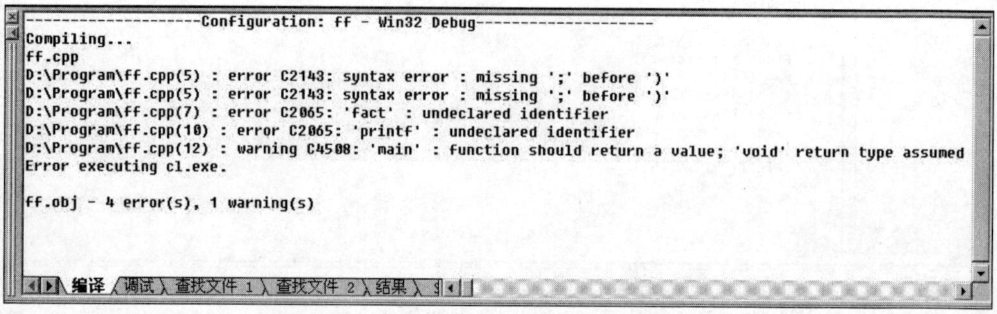

```
------------------Configuration: ff - Win32 Debug------------------
Compiling...
ff.cpp
D:\Program\ff.cpp(5) : error C2143: syntax error : missing ';' before ')'
D:\Program\ff.cpp(5) : error C2143: syntax error : missing ';' before ')'
D:\Program\ff.cpp(7) : error C2065: 'fact' : undeclared identifier
D:\Program\ff.cpp(10) : error C2065: 'printf' : undeclared identifier
D:\Program\ff.cpp(12) : warning C4508: 'main' : function should return a value; 'void' return type assumed
Error executing cl.exe.

ff.obj - 4 error(s), 1 warning(s)
```

图 12.2   修改程序并重新编译后的输出窗口

经验：并不是每次都要将输出窗口中列出的错误全部改正后再编译，应该是改正一个错误就重新编译一次，因为有些错误提示可能是由前面的错误造成的，重新编译时可能就不存在了。另外，重新编译还可以检验刚才的修改是否正确。

继续修改错误，下面两个错误提示信息均为

```
D:\Program\ff.cpp(5): error C2143: syntax error: missing ';' before ')'
```

检查发现在第 5 行将 for(表达式 1;表达式 2;表达式 3) 括号内各表达式之间的分号误写为逗号。这个是刚学习循环的学生编程时经常出现的错误。

再次编译，只有两个错误信息和一个警告信息。

看下面的错误信息

```
D:\Program\ff.cpp(7): error C2065: 'fact' : undeclared identifier
```

它指出错误出在第 7 行(fact＝fact * i;)上，其实这一行根本就没错，错误出在前面变量定义时的拼写错误(将 fact 写成了 fect)。

经验：编译系统所指出的出错位置并不一定准确，编译时在某一行上出错，根源也许是在前面的某一行上。

将变量定义中的 fect 修改为 fact。再次编译，剩下一条错误信息和一个警告信息。

错误信息为

```
D:\Program\ff.cpp(10): error C2065: 'printf' : undeclared identifier
```

表明程序找不到 printf 函数。经检查发现,在程序开头缺少了 ♯include ＜stdio. h＞编译预处理命令。

修改错误,再次编译,发现剩下两条警告信息:

```
D:\Program\ff.cpp(13): warning C4508: 'main' : function should return a value; 'void' return type assumed
D:\Program\ff.cpp(7): warning C4700: local variable 'x' used without having been initialized
```

第一条为 main 函数缺少返回值。在函数体最后增加 return 0;语句。

第二条为变量 x 没有被初始化。为了方便,在程序中给它赋初始值为 1。这里也可以用 scanf 函数接收从键盘输入的 x 值。

编译后,发现程序无误,连接并执行程序。

查看程序的执行结果,可以感到程序的输出说明性不强。可以将程序的输出语句改为

```
printf("e=%8.6f\n",e);
```

这样程序的友好性会改善一些。

经验:没有编译错误的程序不一定就是好的程序,编程是一项需要精益求精的工作。

2. 程序的动态调试

程序中存在的错误可分为两大类:编译错误和逻辑错误。编译错误可用前面提到的方法解决。相对而言,逻辑错误更难被发现,要想解决程序中存在的逻辑错误,一般都要用到程序的动态调试技术。

首先来看看什么样的错误是逻辑错误。上面给出的示例程序中并没有逻辑错误。这里假定一种情况,如果在输入程序时不小心将语句

```
fact=fact * i;
```

写成了

```
fact=fact+i;
```

这就是一个逻辑错误,编译系统是不可能发现这种错误的(因为它在语法上是正确的)。为了查找和修改程序中的逻辑错误,Visual C++ 6.0 IDE 提供了一个重要的集成调试工具——调试器 Debug。下面详细介绍 Debug 的使用。

1) Debug 简介

利用 Debug 可以在开发程序的同时方便快捷地进行程序的调试,例如使程序执行到断点处暂停,通过单步跟踪执行来观察变量、表达式和函数调用关系,以了解程序的实际执行情况。即使程序没有设计错误,也可以使用 Debug 分析程序的执行过程。

在启动 Debug 前,应先对程序进行编译、连接,再执行“编译”菜单中的“开始编译”命令,其中含有启动 Debug 的命令。例如执行其中的“去”(快捷键为 F5)命令后,程序便在调试器中运行,直到断点处停止。启动调试器后,Debug 菜单取代“编译”菜单出现在菜单

栏中,同时出现了一个可停靠的 Debug 工具栏和一些调试窗口,如图 12.3 所示。将光标放在程序中的某个变量名上,它的当前值就会显示出来。

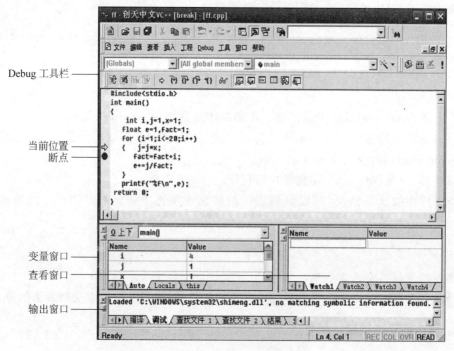

图 12.3 Debug 界面

在调试过程中,屏幕上可同时出现调试器窗口和程序运行窗口。调试时,有时需要切换到程序运行窗口,可以按 Alt+Tab 键进行切换。

Debug 工具栏是一个可浮动的工具栏,该工具栏分为 4 个区,共 16 个按钮。Debug 工具栏第 1、2 区按钮的功能与 Debug 菜单中的菜单项是一一对应的,用于完成主要的程序调试功能。Debug 工具栏各按钮的功能说明如表 12.1 所示。

表 12.1 Debug 工具栏各按钮的功能说明

图标	功 能
重新启动程序,并处于调试状态
停止程序调试
暂时中断程序的执行,以便进入跟踪运行状态或查看变量值
使用户在调试过程中改变的代码有效
显示下一条要执行的语句
单步执行,进入被调用的函数
单步执行,但跳过被调用的函数
从被调函数内跳出,执行调用语句的下一条语句
运行到当前光标处

图标	功　　能
🔍	打开 Quick Watch 对话框,快速查看或修改变量、表达式的值,并可将它们加入到查看窗口
▦	打开查看窗口,显示要查看的变量的值和类型
▦	打开变量窗口,显示当前语句所用变量、正在执行的函数的局部变量以及 this 指针的值
▦	打开寄存器(Regisiters)窗口
▦	打开内存状态(Memory)窗口
▦	打开调用函数栈(Call Stack)窗口
▦	打开反汇编(Disassmbly)窗口

除了 Debug 工具栏,Debug 调试器还提供了一些辅助调试的窗口,用于显示程序的调试信息。这些辅助调试窗口汇集了许多信息,但通常并不需要观察所有信息,而且有限的屏幕空间也限制了打开窗口的个数。一般情况下,当进入程序调试时,除了打开常见的输出窗口,Debug 还自动打开变量窗口和查看窗口。

输出窗口主要用于显示有关编译和调试操作的信息,包括编译、连接错误信息和调试时一些调试宏的输出信息。

变量窗口用于观察和修改某个作用域内所有变量的当前值。调试器可根据当前程序运行过程中变量的变化情况自动选择显示的变量。用户可以在变量窗口的 Context 下拉列表框选择要看的函数,然后调试器会在窗口中显示函数的局部变量的当前值。该窗口有 3 个页面,Auto 页面显示当前语句或前一条语句中变量的值和函数的返回值;Locals 页面显示当前函数中局部变量的值;This 页面以树结构显示当前类对象的所有数据成员,单击＋可展开指针所指对象。

查看窗口用于观察和修改变量或表达式的值,但用户必须在该窗口中手工设置要观察的变量或表达式。单击查看窗口 Name 栏下的空白框,可添加要观察的变量或表达式。可以将要查看的变量分为 4 组,分别放在 Watch1、Watch2、Watch3、Watch4 页面内。

在辅助调试窗口中用红色表示变量的值在程序当前的执行过程中发生了改变。程序员可以在窗口中手工改变变量的值,程序将采用新的变量值向后继续运行。若变量是一个对象、对象引用或指针,调试窗口将自动展开变量,显示其成员信息。

2) 利用 Debug 跟踪调试可执行程序

(1) 单步执行。

即使源程序没有语法错误,但最后生成的可执行程序也没有像程序设计要求的那样运行,这类程序设计上的错误称为逻辑错误或缺陷(bug)。跟踪调试程序是查找逻辑错误最常用的动态方法。跟踪调试的基本原理就是让程序按照源代码设计流程一步一步地执行,通过观察和分析程序执行过程中数据和代码执行流程的变化来查找程序中的逻辑错误。

采用传统的程序设计工具调试程序时,程序员为了进行跟踪调试,一般需要在程序中人为设置断点,如加入输出变量值的语句。而在 Visual C++ 6.0 中,可以利用 Debug 分析和查找程序的逻辑错误,通过代码的逐条执行,检查程序中任何位置变量的内容,以找到发生错误的大致位置。使用 Debug 调试程序最有效的手段主要有单步执行、设置断点和观察数据变化。

单步执行也就是使程序按照源代码的编写顺序一行一行执行。单步执行可分为以下 3 种情况:

① 单步执行程序,若遇见函数调用语句,则进入被调函数内部。执行方法是单击 Debug 工具栏上的 Step Into 按钮(快捷键为 F11)。

② 单步执行程序,若遇见函数调用语句,不进入被调函数内部,跳过该函数。执行方法是单击 Debug 工具栏上的 Step Over 按钮(快捷键为 F10)。一般而言,刚开始调试时,如果不能断定一个函数是否有错,可以先跳过该函数。

③ 从当前的函数中跳出,有时无意进入某个不想跟踪的函数,此时可单击 Debug 工具栏上的 Step Out 按钮,光标将指向该函数调用结束后要执行的语句。

下面通过一个例子说明如何利用 Debug 跟踪调试程序。

```c
#include<stdio.h>
int main()
{
    int i,j=1,x=1;
    float e=1,fact=1;
    for(i=1;i<=20;i++)
    {
        j=j*x;
        fact=fact+i;
        e+=j/fact;
    }
    printf("%f\n",e);
    return 0;
}
```

编译、连接并运行上述程序,得到的 e 值是错误的。为了找到错误,先按 F5 键启动 Debug,然后通过不断按 F11 键单步执行程序,在单步执行过程中观察变量窗口中各变量的值的变化情况,变量值为红色表示在执行过程中发生了变化,如图 12.4 所示。

继续按 F7 键,进入循环后,观察 fact 变量,当执行第一轮循环时 fact 值应为 1.00000,但执行后却为 2.00000,表明程序在此有错误。经过检查,发现代码中的 * 误写为＋。将错误语句改为 fact=fact*i;。

重新编译、连接并运行程序,得到正确的值。

如果觉得使用单步执行比较麻烦(如在循环体内反复执行时),可以先将光标移动到想要程序暂停执行的行上,按 Ctrl＋F10 键(执行到光标处),则程序开始自动执行。如果执行到光标所在的行,则暂停执行;否则一直执行,直到结束。

(2) 设置断点。

前面介绍了如何用单步执行的方法跟踪程序的执行。如果程序的行数很多或循环次

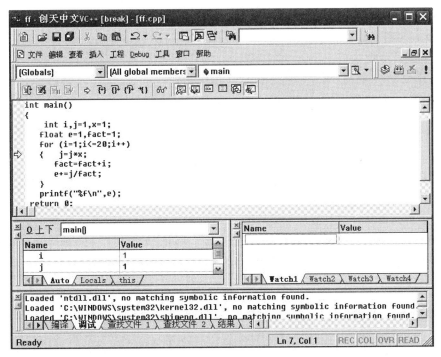

图 12.4　用单步执行方法跟踪调试程序

数很多,单步跟踪效率就太低了。可以用执行到当前行(按 F4 键)的方法使程序快速执行到程序某一处再暂停。但是,如果程序有多个分支,使用执行到当前行的方法往往很难在存在逻辑错误的程序中确定本次执行会走哪个分支,这个时候,在所有可能的分支上设置断点是一个有效的方法。

　　设置断点就是在程序源代码中指定一个位置,在调试器中运行程序时可以强制程序执行到该位置暂时停下来。中断程序后,可查看和设置程序中的数据内容,并可对代码作小的修改。断点用一个红色的圆点表示,当被调试的程序停在某个断点处时,该圆点中出现一个黄色箭头,表示被调用程序当前的执行位置。

　　设置断点的方法很简单,只需在源代码编辑窗口将光标移动到要设置断点的代码行,例如将光标移动到 fact＝fact＊i;一行上,然后单击 中的 按钮(快捷键为 F9),此时在当前行行首出现一个红色的圆点,说明当前行上已经设置了断点。然后执行程序,程序会在设置了断点的行上暂停执行。当然也可以在启动 Debug 后再设置断点。

　　真正的程序调试可能需要同时设置多个断点。如何在合适的地方设置断点,以利于程序执行结果的查看,是调试程序并发现错误的关键。

实验 5　数　　组

实验目的

- 掌握数组的定义及引用方法。

- 能够正确使用数组对字符串进行操作。
- 掌握简单的排序算法。

实验内容

1. 插入和删除元素

输入数组 a[N]中的 m 个元素（m<N），再输入一个数 x，查看 a 中是否有值为 x 的元素。若有，则把 a 中值为 x 的元素去掉（删除元素），后面的元素向前移（假定数组所有元素值都不相同）；若没有，则将 x 加在 a 数组的前端（插入元素），a 中所有元素后移。最后输出程序所做的操作是插入还是删除的相应信息。

提示：第一遍扫描查找数组中是否有值为 x 的元素。若有，用一个整型变量记录其下标；若没有，则将此整型变量置为−1。若要删除元素，则将此元素后的所有元素依次前移；若要插入元素，则将从插入位置开始的所有元素依次后移（从最后一个元素开始后移）。

2. 数组元素排序

判断数组 a[n]中是否存在元素 x。若存在，将排在此元素之前的元素按升序排列，而排在此元素后的元素按降序排列，并输出 YES 和 x 的下标；若不存在，则输出 NO。

要求：尝试用动态调试方法对程序录入中造成的逻辑错误进行纠正。

3. 字符串问题

编写程序，将两个字符串连接起来（不要用 strcat 函数），并统计连接后的字符串中空格的个数。

实验 6   函   数

实验目的

- 掌握函数的定义方法。
- 理解参数的值传递本质。
- 掌握函数的嵌套调用和递归调用。
- 理解变量作用域的概念。

实验内容

1. 找倍数

找出 1000 以内、各位数字之和是 5 的倍数的所有正整数。例如，235 的各位数字之和等于 10(2+3+5=10)，10 是 5 的倍数，因此 235 是符合条件的数。

要求：

（1）先输出符合条件的正整数的总数（单独占一行），再输出具体的正整数（每输出 10 个换一行）。

（2）编写函数 judge 判定整数 n 是否符合条件。judge 应设计为通用函数（n 的位数不固定）。

2. 函数的递归调用

有 5 个人坐在一起。问第五个人多少岁，他说比第四个人大两岁。问第四个人，他说比第三个人大两岁。问第三个人，他说比第二个人大两岁。问第二个人，他说比第一个人大两岁。最后问第一个人，他说 10 岁。求第五个人多大。

提示：利用递归的方法，递归分为递推和回归两个阶段。要想知道第五个人的岁数，需知道第四个人的岁数……递推到第一个人（10 岁），再回归。

3. 检查程序运行结果

首先阅读下面两段程序，写出它们的运行结果，然后再上机验证。尝试用单步执行方法跟踪程序的运行，并查看各变量值的变化情况及其作用。

程序一：输入长方体的长、宽、高，求长方体的体积及正、侧、顶 3 个面的面积。

```c
#include <stdio.h>
int s1,s2,s3;
int vs(int a,int b,int c);
void main()
{
    int v,l,w,h;
    printf("input length,width and height\n");
    scanf("%d%d%d",&l,&w,&h);
    v=vs(l,w,h);
    printf("v=%d  s1=%d  s2=%d  s3=%d\n",v,s1,s2,s3);
}

int vs(int a,int b,int c)
{
    int v;
    v=a*b*c;
    s1=a*b;
    s2=b*c;
    s3=a*c;
    return v;
}
```

程序二：考察静态变量的值。

```c
#include <stdio.h>
int f(int a)
```

```
{
    int b=0;
    static int c=3;
    b=b+1;
    c=c+1;
    return a+b+c;
}
void main()
{
    int a=2,i;
    for(int i=0;i<3;i++)
        printf("%d\n",f(a));
}
```

实验 7 指 针

实验目的

- 掌握指针变量定义与引用的方法。
- 在函数调用时正确使用指针进行参数的传递。
- 掌握指针数组的运用。

实验内容

1. 完成程序

下面程序的功能是：在一个已知的字符串中查找给定的字符。如果找到，则返回该字符在字符串中的指针；否则返回空指针(NULL)，请编写 findc 函数实现查找功能。

```
#include <stdio.h>
char * findc(char * str, char c);
void main()
{
    char ps[30]="CHINA123",c;
    char * x;
    c=getchar();
    x=findc(ps,c);
    if(x!=NULL)
        printf("找到了。");
    else printf("找不到。");
}
char * findc(char * str,char c)
{
    ...
}
```

2. 编写程序

将星期日、星期一到星期六的英文名称存放到一个字符指针数组中,用冒泡法将其按字典序重新排序并输出。

实验 8   结构和枚举

实验目的

- 掌握结构类型及结构变量的定义和使用。
- 掌握结构数组的应用。
- 掌握枚举类型的定义和使用。

实验内容

1. 完成程序

input 函数用于输入 5 个学生的数据,output 函数用于输出年龄最大的学生的姓名和所有学生的平均年龄。下面已经给出了程序的大体结构,请完成程序的其余代码。

```c
#include <stdio.h>
struct student
{
    char num[6];
    char name[8];
    char sex[3];
    int age;
} stu[5];

input()
{
    int i,j;
    for(i=0;i<5;i++)
    {
        ...
    }
}
output()
{
    ...
}
void main()
{
```

```
    input();
    output();
}
```

2. 编写程序

一个盒子中有红、黄、蓝、白 4 种颜色的球若干,从盒子中先后取出两球,两球颜色不同的取法一共有几种? 列出各种取法球的颜色。

提示:由于球的颜色有 4 种,可以用枚举类型来表示,即

```
enum colors {red,yellow,blue,white};
```

可以使用两层循环,外层遍历取第一个球的颜色,内层遍历取第二个球的颜色,两层的循环变量都可以使用枚举变量。

在内层循环体中判断两球颜色是否相同,如果不同,则将取法计数值加 1,并输出该种取法的两球颜色。

输出枚举变量时需要用到 switch 语句,根据枚举变量的值,输出代表不同颜色的字符串。由于前后两个球的颜色都要输出,使用两个 switch 语句比较麻烦,因此可以编写一个输出函数,传入参数为代表颜色的枚举变量。

整个循环结束后,输出取法计数的结果。

实验 9 链   表

实验目的

- 进一步掌握指针、结构的应用,并进行综合练习。
- 掌握内存的动态分配和释放技术。

实验内容

链表是 C 语言多种技术的综合应用,其中既要用到指针、结构等技术,还要用到内存的动态分配与释放技术。另外,链表操作也是数据结构课程的一项重要内容。

链表应用的程序一般都比较复杂,所以上机调试已有的程序是学习链表编程技术的捷径。本书例 10.9 给出了一个学生信息链表的综合应用例子,请上机调试该程序。程序调试通过后,还可以尝试对其功能进行修改,如创建链表时不是将新结点插在链表尾,而是插在链表头,再如遍历链表时适当增加一些统计功能等。

实验 10 文 件 操 作

实验目的

- 熟悉文件的打开、关闭、读、写等操作函数。
- 通过综合练习掌握文件建立和存取数据的方法。

实验内容

1. 编写程序

（1）按职工号由小到大的顺序从键盘输入 5 个员工的数据（包括员工号、姓名、年龄、工资），并保存在 file1.txt 文件中。

（2）从键盘输入一个员工号，从文件中查找有无此员工。如有，则显示此员工是第几个员工，以及此员工的全部数据；如没有，就输出"无此人"。可以反复多次查询，如果输入的员工号为 0，就结束查询。

2. 编写程序

文件 product.txt 存储了某仓库中的货物清单，其中每行数据代表一种货物，行数据中的各项从左到右依次为名称、数量和单价。例如行数据"p1 3 67.5"表示货物 p1 有 3 件，每件价格为 67.5 元。

编程计算每种货物的总价（由公式"总价＝单价×数量"计算），并按照总价从低到高排序，将排序结果写入新文件 result.txt。

要求：

（1）result.txt 中的每种货物的数据包括名称、数量、单价、总价 4 项，如"p1 3 67.5 202.5"。

（2）每种货物的数据单独占一行。

提示：先按照下列格式自行输入货物数据，生成 product.txt 文件（以下数据供参考，也可自行定义）：

```
p1      3       67.5
p2      8       120
p3      10      187.1
p4      17      154.5
p5      26      367.98
```

货物的数据结构定义为

```
struct member
{
    char name[20];          /*名称*/
    int quan;               /*数据*/
    float price;            /*单价*/
    float total;            /*总价*/
}
```

习题参考答案

第 1 章习题参考答案

1. 函数

2. 编辑　编译　连接　执行

3. 能作为变量名的：a3B、x_add、x_y_z、_fout

   不能作为变量名的：3ad、-b、π、#mon、if、$5d

4. a+b=11

5. ```
   #include <stdio.h>
   void main()
   {
       printf("*********************************\n");
       printf("欢迎光临 C 语言世界\n");
       printf("*********************************\n");
   }
   ```

6. ```
   #include <stdio.h>
   void main()
   {
       float a,b,c,ave;
       scanf("%f,%f,%f",&a,&b,&c);
       ave=(a+b+c)/3;
       printf("ave=%f\n",ave);
   }
   ```

7. ```
   #include <stdio.h>
   int max(int,int);
   void main()
   {
       int a,b,c;
       scanf("%d,%d,%d",&a,&b,&c);
       b=max(a,b);
       c=max(c,b);
   ```
   ```

```
    printf("max=%d\n",c);
}
int max(int x,int y)
{
    int z;
    if(x>y) z=x;
    else    z=y;
    return(z);
}
```

第 2 章习题参考答案

1.～10. 略

11.
```
#include <stdio.h>
define PI 3.14
void main()
{
    float r=1.5,h=3.0;
    float g,s1,s2,v;
    printf("请输入半径和高：\n");
    scanf("%f%f",&r,&h);
    g=2 * PI * r;
    s1=PI * r * r;
    s2=2 * s1+g * h;
    v=s1 * h;
    printf("圆周长为%6.2f\n",g);
    printf("圆面积为%6.2f\n",s1);
    printf("圆柱表面积为%6.2f\n",s2);
    printf("圆柱体积为%6.2f\n",v);
}
```

12.
```
#include <stdio.h>
void main()
{
    float F,C;
    printf("请输入华氏温度：");
    scanf("%f",&F);
    C=5.0/9 * (F-32);
    printf("摄氏温度为%6.2f",C);
}
```

第 3 章习题参考答案

1. 短整型　无符号整型
2. 小数形式　指数形式

3. a 是一个 C 语言标识符,可能代表一个变量。

'a'是一个字符型常量。

"a"是一个字符串常量。

4. \x7f　Del

5. int x＝10,y＝20；

6. (1) meles_int＋＝765＋43　　（合法）

(2) xy＋＋＝3　　　　　　　（不合法）

(3) a * b＋(float)x％5　　（不合法）

(4) a＋5＝b＋7　　　　　　（不合法）

7. (1) 5

(2) 9.000000

(3) x＝10

(4) x＝40

(5) x＝0

(6) x＝0

(7) x＝0

8. (1) z1=42;

z2=41;

(2)

66	55	54
67	36	B
56	6	121

9. ```
#include <stdio.h>
void main()
{
    float a,b,c,ave;
    scanf("%f,%f,%f",&a,&b,&c);
    ave=(a+b+c)/3;
    printf("%f",ave);
}
```

10. ```
#include <stdio.h>
void main()
{
    float a,b,sum,sub,mul,divi;
    scanf("%f%f",&a,&b);
    sum=a+b;
    sub=a-b;
    mul=a * b;
    divi=a/b;
    printf("a+b=%f\n",sum);
    printf("a-b=%f\n",sub);
```

```
        printf("a * b=%f\n",mul);
        printf("a/b=%f\n",divi);
    }
```

11.
```
    #include <stdio.h>
    void main()
    {
        unsigned u,a,b,c,d;
        unsigned int v1=0xAAAA,v2=0x5555,v3=0xFF00,v4=0xFF;
        printf("请输入一个无符号十进制整数:\n");
        scanf("%u",&u);
        a=u&v1;
        b=u&v2;
        c=u&v3;
        d=u&v4;
        printf("此十进制数对应的二进制数的奇数位是%u\n",a);
        printf("此十进制数对应的二进制数的偶数位是%u\n",b);
        printf("此十进制数对应的二进制数的高 8 位是%u\n",c);
        printf("此十进制数对应的二进制数的低 8 位是%u\n",d);
    }
```

12.
```
    #include <stdio.h>
    void main()
    {
        int a,b;
        printf("请输入一个整数:");
        scanf("%d",&a);
        if(a>=0)
            b=a;
        else
            b=~ a;
        b=b+1;
        printf("补码为%d",b);
    }
```

第 4 章习题参考答案

1.
```
    #include <stdio.h>
    void main()
    {
        char c1,c2;
        c1=getchar();
        c2=getchar();
        putchar(c1);
```

```
        putchar(c2);
    }
```

2. 略

3. (1) 运行时输入"20,10",结果如下：

   F=2.000000

   运行时输入"5,2",结果如下：

   F=2.000000

   运行时输入"2,5"结果如下：

   F=0.000000

   (2) 运行时输入 dd,结果如下：

   C1=e,C2=c

4. 5 7

   　5　7

   67.856400,-789.124023

   67.856400 ,-789.124023

   　　67.86, -789.12,67.856400,-789.124023,67.856400,-789.124023

   6.785640e+01, -7.89e+02

   A,65,101,41

   1234567,4553207,d687

   65535,177777,ffff,-1

   COMPUTER,　COM

5.
```c
#include <stdio.h>
void main()
{
    char c;
    c=getchar();
    c-=32;
    putchar(c);
}
```

6.
```c
#include <stdio.h>
void main()
{
    char c;
    c=getchar();
    c-=48;
    printf("%d",c);
}
```

7.
```c
#include <stdio.h>
#include <math.h>
void main()
{
    float a,b,c,p,area;
    scanf("%f,%f,%f",&a,&b,&c);
    p=(a+b+c)/2;
    area=sqrt(p * (p-a) * (p-b) * (p-c));
    printf("a=%5.2f,b=%5.2f,c=%5.2f,A=%5.2f\n",a,b,c,area);
}
```

第 5 章习题参考答案

1. (1) 1
   (2) 0
   (3) 0
   (4) 0
   (5) 1
2. (1) (a<b)||(a<c)
   (2) (a>c)&&(b>c)
   (3) (a>c)||(b>c)
   (4) (a%2)==0
   (5) (a%b)!=0
3. B
4. 2,1
5.
```c
#include <stdio.h>
void main()
{
    int a,b,c;
    scanf("%d,%d,%d",&a,&b,&c);
    if(a>b) a=b;
    if(a>c) a=c;
    printf("min=%d\n",a);
}
```

6. (1)
```c
#include <stdio.h>
#include <math.h>
void main()
{
    float x,y;
    scanf("%f",&x);
    if(x==0)
```

```
            y=1;
        else
            y=sin(x)/x;
        printf("y=%f\n",y);
    }
```

(2)
```
    #include <stdio.h>
    void main()
    {
        float x,y;
        scanf("%f",&x);
        if(x<1)
            y=x;
        else if((x>=1)&&(x<10))
            y=2 * x-1;
        else
            y=3 * x-11;
        printf("y=%f\n",y);
    }
```

7.
```
    #include <stdio.h>
    #include <stdlib.h>
    #include <math.h>
    void main()
    {
        float a,b,c,p,area;
        scanf("%f%f%f",&a,&b,&c);
        /*判断是否能够构成三角形*/
        if((a+b>c) && (abs(a-b)<c))
            printf("Enable.\n");
        else
        {
            printf("Disable.\n");
            exit(0);
        }
        /*求三角形面积*/
        p=(a+b+c)/2;
        area=sqrt(p * (p-a) * (p-b) * (p-c));
        printf("a=%5.2f,b=%5.2f,c=%5.2f,Area=%5.2f\n",a,b,c,area);
    }
```

第 6 章习题参考答案

1. (1) 354

   (2) S=4

2.
```c
#include <stdio.h>
void main()
{
    int m,i,leap=1;
    scanf("%d",&m);
    for(i=2;i<m;i++)
        if(m%i==0) {leap=0;break;}
    if(leap)
        printf("%d is a prime number.",m);
    else
        printf("%d is not a prime number.",m);
}
```

3.
```c
#include <stdio.h>
void main()
{
    float sum=0,limit;
    int n=0;
    scanf("%f",&limit);
    while(sum<limit)
    {
        n++;
        sum+=1/(float)n;
    }
    printf("n=%d",n);
}
```

4.
```c
/* 注意: 相邻星号间有一个空格 */
#include <stdio.h>
void main()
{
    int i,j,n=5;
    for(i=1;i<=n;i++)
    {
        for(j=0;j<=2*(n-i);j++) printf(" ");
        for(j=1;j<=(2*i-1);j++) printf(" * ");
        printf("\n");
    }

}
```

5.~10. 略

第7章习题参考答案

1.
```c
#include <stdio.h>
```

```
#define N 20
void main()
{
    int a[N],i,negative=0,zero=0,positive=0;
    for(i=0;i<N;i++) scanf("%d",&a[i]);
    for(i=0;i<N;i++)
    {
        if(a[i]<0) negative++;
        if(a[i]==0) zero++;
        if(a[i]>0) positive++;
    }
    printf("Negative=%d\n",negative);
    printf("Zero=%d\n",zero);
    printf("Positive=%d\n",positive);
}
```

2.
```
#include <stdio.h>
void main()
{
    int i,j,max[4];
    int a[4][5];
    for(i=0;i<4;i++)
        for(j=0;j<5;j++)
            scanf("%d",&a[i][j]);
    for(i=0;i<4;i++)
    {
        max[i]=a[i][0];
        for(j=1;j<5;j++)
            if(max[i]<a[i][j])
                max[i]=a[i][j];
    }
    for(i=0;i<4;i++)
        printf("max[%d]=%d\n",i,max[i]);
}
```

3.
```
#include <stdio.h>
void main()
{
    /*假设数组 a 中有 10 个已排好序的数*/
    int a[11]={3,6,8,17,28,54,68,87,105,162};
    int i,s,n;
    printf("Please input a number:\n");
    scanf("%d",&n);
    for(i=0;i<10;i++)
        if(n<a[i])
```

```
            {
                for(s=9;s>=i;s--) a[s+1]=a[s]; /*移动数据*/
                break;
            }
        a[i]=n; /*插入数据*/
        /*输出插入后的结果*/
        for(i=0;i<=10;i++)
            printf("%d ",a[i]);
        printf("\n");
    }

4.  #include <stdio.h>
    void main()
    {
        int i=0,character=0,number=0,space=0,other=0;
        char str[100],c;
        printf("Please input a string:\n");
        gets(str);
        while(str[i]!='\0')
        {
            c=str[i];
            if((c>='a') && (c<='z') || (c>='A') && (c<='Z'))
                character++;
            else if((c>='0') && (c<='9'))
                number++;
            else if(c==' ')
                space++;
            else
                other++;
            i++;
        }
        printf("Character=%d\n",character);
        printf("Number=%d\n",number);
        printf("Space=%d\n",space);
        printf("Other=%d\n",other);
    }

5.  #include <stdio.h>
    #define N 3
    void main()
    {
        float a[N+1],x,pn=0,xn=1;
        int i;
        printf("Please input the coefficients(a[0],a[1],...,a[%d]):\n",N);
        for(i=0;i<=N;i++) scanf("%f",&a[i]);
```

```
        printf("Please input the x:\n");
        scanf("%f",&x);
        for(i=N;i>=0;i--)
        {
            pn+=a[i] * xn;
            xn * =x;
        }
        printf("Pn(%f)=%f\n",x,pn);
    }
```

6.
```
#include <stdio.h>
#define N 6
void main()
{
    int i,j;
    int a[N][N];
    printf("\n");
    for(i=0;i<N;i++)
    {
        a[i][0]=1;
        a[i][i]=1;
    }
    for(i=2;i<N;i++)
        for(j=1;j<i;j++)
            a[i][j]=a[i-1][j-1]+a[i-1][j];
    for(i=0;i<N;i++)
    {
        for(j=0;j<=i;j++)
            printf("%3d",a[i][j]);
        printf("\n");
    }
}
```

7.
```
#include <stdio.h>
#define N 6
void main()
{
    int a[N]={6,3,5,2,4,1};
    int i,temp;
    for(i=0;i<N/2;i++)
    {
        temp=a[i];
        a[i]=a[N-i-1];
        a[N-i-1]=temp;
    }
```

```
    for(i=0;i<N;i++)
        printf("%5d",a[i]);
}

8. #include <stdio.h>
   void main()
   {
       char a[80],b[80];
       int i=0;
       printf("Please input a string:\n");
       gets(a);
       while(a[i]!='\0')
       {
           b[i]=a[i];
           i++;
       }
       b[i]='\0';
       printf("%s",b);
   }

9. #include <stdio.h>
   #include <string.h>
   void main()
   {
       char a[80],b[80],c[80];
       int i=0;
       printf("Please input string A:\n");
       gets(a);
       printf("Please input string B:\n");
       gets(b);
       printf("Please input string C:\n");
       gets(c);
       if(strcmp(a,b)<0)              /* a<b */
       {
           if(strcmp(a,c)<0)          /* a<c */
               printf("\n%s",a);
           else
               printf("\n%s",c);
       }
       else                           /* b<a */
       {
           if(strcmp(b,c)<0)          /* b<c */
               printf("\n%s",b);
           else
               printf("\n%s",c);
```

```
        }
    }
```

10.（1）运行程序,出现以下提示信息:

Input a string:

输入

aaabbbcccdddeee

接着出现以下提示信息:

Input a character:

输入

c

运行结果:

Count=3

（2）运行程序,出现以下提示信息:

Input a string:

输入

aaabbbcccddd

接着出现以下提示信息:

Input a character:

输入

c

运行结果:

aaabbbddd

第 8 章习题参考答案

1.
```c
#include <stdio.h>
int digit(int,int);
void main()
{
    int n,k;
    printf("Input a number n:\n");
    scanf("%d",&n);
    printf("Input the index k:\n");
```

```c
        scanf("%d",&k);
        printf("digit(%d,%d)=%d\n",n,k,digit(n,k));
    }
    int digit(int nn,int kk)
    {
        int i,j;
        for(i=1;i<=kk;i++)
        {
            j=nn%10;
            nn=nn/10;
        }
        return(j);
    }
```

2.
```c
    #include <stdio.h>
    #include <math.h>
    #include <stdlib.h>
    float area(float,float,float);
    int valid(float,float,float);
    void main()
    {
        float a,b,c;
        while(1)
        {
            printf("Please input the three sides:\n");
            scanf("%f%f%f",&a,&b,&c);
            if(valid(a,b,c)) break;
            printf("Input error, please input again.\n");
        }
        printf("a=%5.2f,b=%5.2f,c=%5.2f,Area=%5.2f\n",a,b,c,area(a,b,c));
    }
    float area(float a,float b,float c)
    {
        float p,area;
        p=(a+b+c)/2;
        area=sqrt(p * (p-a) * (p-b) * (p-c));
        return(area);
    }
    int valid(float a,float b,float c)
    {
        if((a+b>c) && (abs(a-b)<c))
            return(1);
        else
            return(0);
    }
```

3.
```c
#include <stdio.h>
int divisor(int,int);
int multiple(int,int);
void main()
{
    int a,b,num1,num2;
    printf("Please input two numbers:\n");
    scanf("%d,%d",&num1,&num2);
    a=divisor(num1,num2);            /* 求最大公约数 */
    b=multiple(num1,num2);           /* 求最小公倍数 */
    printf("The maximum commom divisor is %d\n",a);
    printf("The minimum commom multiple is %d\n",b);
}
int divisor(int num1,int num2)
{
    int temp;
    if(num1<num2)                    /* 交换两个数,将大数放入 num1 */
    {
        temp=num1;
        num1=num2;
        num2=temp;
    }
    while(num2!=0)                   /* 利用辗转相除法,直到 num2 为 0 为止 */
    {
        temp=num1%num2;
        num1=num2;
        num2=temp;
    }
    return(num1);
}
int multiple(int num1,int num2)
{
    int d;
    d=divisor(num1,num2);            /* 先求两数的最大公约数 */
    return(num1*num2/d);
}
```

4. 10　−5

5. (1) 将整数的十进制值转换为字符输出。注意：该函数是一个递归调用函数。

   (2) 将整数的十进制值转换并存储到字符数组中。注意：该函数未对整数的正负进行判断,因此只能正确处理正整数。

6.
```c
#include <stdio.h>
int prime(int);
void main()
{
    int m;
    scanf("%d",&m);
    if(prime(m))
        printf("%d is a prime number.",m);
    else
        printf("%d is not a prime number.",m);
}
int prime(int m)
{
    int i,leap=1;
    for(i=2;i<m;i++)
        if(m%i==0) {leap=0;break;}
    if(leap)
        return(1);
    else
        return(0);
}
```

7.
```c
#include <stdio.h>
void statistic(char []);
int character=0,number=0,space=0,other=0;
void main()
{
    char s[100];
    printf("Please input a string:\n");
    gets(s);
    statistic(s);
    printf("Character=%d\n",character);
    printf("Number=%d\n",number);
    printf("Space=%d\n",space);
    printf("Other=%d\n",other);
}
void statistic(char str[])
{
    int i=0;
    char c;
    while(str[i]!='\0')
    {
        c=str[i];
        if((c>='a')&&(c<='z')||(c>='A')&&(c<='Z'))
```

```
                character++;
            else if((c>='0') && (c<='9'))
                number++;
            else if(c==' ')
                space++;
            else
                other++;
            i++;
        }
    }
```

8.
```
#include <stdio.h>
void reverse(char []);
void main()
{
    char s[100];
    printf("Please input a string:\n");
    gets(s);
    reverse(s);
    printf("The string is reversed:\n%s\n",s);
}
void reverse(char str[])
{
    int i=0,j;
    char c;
    while(str[i]!='\0')              /* 找到字符串的结尾 */
        i++;
    i--;
    for(j=i;j>i/2;j--)              /* 逆序存放 */
    {
        c=str[j];
        str[j]=str[i-j];
        str[i-j]=c;
    }
}
```

9.
```
#include <stdio.h>
void delachar(char [],char);
void main()
{
    char str[80],C;
    printf("Input a string:\n");
    gets(str);
    printf("Input a character:\n");
    scanf("%c",&C);
```

```
        delachar(str,C);
        printf("\nThe result is:\n%s\n",str);
    }
    void delachar(char str[],char C)
    {
        int i,j;
        for(i=0,j=0;str[i]!='\0';i++)
            if(str[i]!=C)
                str[j++]=str[i];
        str[j]='\0';
    }
```

第 9 章习题参考答案

1. （1）不能直接为指针变量赋一个非 0 整数。

  （2）a 代表数组首地址，不能为其赋值。

  （3）指针在使用之前必须先使它指向某个具体的地址。

  （4）不能将整型指针指向符点数。

  （5）不能直接为指针变量赋一个非 0 整数。

2. margorp

3.
```
#include <stdio.h>
void sort(int * ,int * );
void main()
{
    int a,b;
    printf("Please input two numbers:\n");
    scanf("%d%d",&a,&b);
    printf("%d,%d\n",a,b);
    sort(&a,&b);
    printf("%d,%d\n",a,b);
}
void sort(int * px,int * py)
{
    int temp;
    if(* px> * py)
    {
        temp= * px;
        * px= * py;
        * py=temp;
    }
}
```

4. 本程序的功能是将一个整数数组中的数据逆序存放。

　运行结果：

```
 1  2  3  4  5  6  7  8  9  10
10  9  8  7  6  5  4  3  2   1
```

5.
```c
#include <stdio.h>
int strlen(char *);
void main()
{
    char str[100];
    printf("Please input a string:\n");
    gets(str);
    printf("The length of the string is %d.\n",strlen(str));
}
int strlen(char *t)
{
    char *s;
    s=t;
    while(*s!='\0')
    {
        s++;
    }
    return(s-t);
}
```

6.
```c
#include <stdio.h>
void main()
{
    char a[100],*pa;
    printf("Please input a string:\n");
    gets(a);
    pa=a;
    while(*pa!='\0') pa++;
    while(--pa>=a) putchar(*pa);
}
```

7.
```c
#include <stdio.h>
#define N 10
void main()
{
    float score[N];
    float sum=0,*pmin,*pmax;
    int i;
    printf("Please input the scores:\n");
    for(i=0;i<N;i++) scanf("%f",score+i);
```

```
        pmin=score;
        pmax=score;
        for(i=0;i<N;i++)
        {
            if(*pmin>score[i]) pmin=score+i;
            if(*pmax<score[i]) pmax=score+i;
            sum+=score[i];
        }
        printf("The minimum score is:%5.1f\n",*pmin);
        printf("The maximum score is:%5.1f\n",*pmax);
        printf("The average score is:%5.1f\n",sum/N);
    }
```

第 10 章习题参考答案

1.
```
#include <stdio.h>
struct time
{
    int hour;
    int minute;
    int second;
};
void main()
{
    struct time t1;
    printf("Please input hour:\n");
    scanf("%d",&t1.hour);
    printf("Please input minute:\n");
    scanf("%d",&t1.minute);
    printf("Please input second:\n");
    scanf("%d",&t1.second);
    printf("The time is %d:%d:%d\n",t1.hour,t1.minute,t1.second);
}
```

2.
```
#include <stdio.h>
#define N 10
struct student
{
    int num;
    char name[15];
    float score1;
    float score2;
    float score3;
} st[N];
```

```
void main()
{
    int i;
    float f;
    for(i=0;i<N;i++)
    {
        printf("请输入学生信息(姓名,学号,三门课的成绩):\n");
        scanf("%s%d%f%f%f",&st[i].name,&st[i].num,&f,&st[i].score2,&st[i].
        score3);
        st[i].score1=f;
    }
    printf("学生信息输出:\n");
    printf("学号  姓名  成绩1  成绩2  成绩3  平均\n");
    for(i=0;i<N;i++)
        printf("%4d,%16s,%5.1f,%5.1f,%5.1f,%5.1f\n",st[i].num,
            st[i].name,st[i].score1,st[i].score2,st[i].score3,
            (st[i].score1+st[i].score2+st[i].score3)/3);
}
```

3. **请参考第 10 章例 10.9。**

4. BEI JING!

5.
```
struct snode
{
    int data;
    struct snode * next;
};
...
int stat(struct snode * head)
{
    int i=0;
    struct snode * p;
    p=head;
    while(p!=NULL)
    {
        i++;
        p=p->next;
    }
    return(i);
}
```

6.
```
#include <stdio.h>
#define N 13
/*定义成员结构和成员数组*/
struct people
```

```
    {
        int number;
        int next;
    } queue[N+1];
    /*为了编程方便,数组中有 N+1 个元素,只使用元素 1 到 N,元素 0 不使用*/
    void main()
    {
        int i,count,h;
        /*将成员初始化成一圈*/
        for(i=1;i<N;i++)
        {
            queue[i].number=i;
            queue[i].next=i+1;
        }
        queue[N].number=N;
        queue[N].next=1;
        count=N;
        h=N;
        /*报号并退出圈子*/
        printf("\n 退出圈子的成员及序号:\n");
        while(count>2)
        {
            i=0;
            while(i!=3)
            {
                h=queue[h].next;
                if(queue[h].number!=0) i++;
            }
            printf("%4d",queue[h].number);
            queue[h].number=0;
            count--;
        }
        /*找出最后留在圈中的成员*/
        printf("\n 最后留在圈中的成员:\n");
        for(i=1;i<=N;i++)
            if(queue[i].number!=0)
                printf("%4d",queue[i].number);
    }

7.  #include <stdio.h>
    enum fruit {apple,orange,banana,tomato,pear};
    void main()
    {
        enum fruit e;
        printf("Please input a integer(0-4):");
```

```
        scanf("%d",&e);
        switch(e)
        {
            case apple: printf("%s\n","apple");
                break;
            case orange:printf("%s\n","orange");
                break;
            case banana:printf("%s\n","banana");
                break;
            case tomato:printf("%s\n","tomato");
                break;
            case pear:  printf("%s\n","pear");
                break;
        }
    }
```

第 11 章习题参考答案

1.
```c
#include <stdio.h>
#include <stdlib.h>
#define N 50
void main()
{
    int data[N],i;
    FILE * fp;
    for(i=0;i<N;i++)
        scanf("%d",&data[i]);
    if((fp=fopen("idata.dat","wb"))==NULL)
    {
        printf("Cannot open file idata.dat.\n");
        exit(1);
    }
    fwrite(data,sizeof(int),N,fp);
    fclose(fp);
}
```

2.
```c
#include <stdio.h>
#include <stdlib.h>
#define N 50
void main()
{
    int data[N],i;
    FILE * fp;
    if((fp=fopen("idata.dat","rb"))==NULL)
```

```
    {
        printf("Cannot open file idata.dat.\n");
        exit(1);
    }
    fread(data,sizeof(int),N,fp);
    fclose(fp);
    for(i=0;i<N;i++)
        printf("%d\n",data[i]);
}
```

3.
```
#include <stdio.h>
#include <stdlib.h>
void main()
{
    FILE * pin, * pout;
    char * fname1="a.txt", * fname2="b.txt";
    char c;
    if((pin=fopen(fname1,"r"))==NULL)
    {
        printf("Cannot open %s file.\n",fname1);
        exit(1);
    }
    if((pout=fopen(fname2,"w"))==NULL)
    {
        printf("Cannot open %s file.\n",fname2);
        exit(1);
    }
    while(!feof(pin))
    {
      c=fgetc(pin);
      if((c>='A') && (c<='Z')) c=c+32;
        fputc(c,pout);
    }
    fclose(pin);
    fclose(pout);
}
```

4.
```
#include <stdio.h>
#include <stdlib.h>
void main()
{
    FILE * pin;
    char * fname1="a.txt";
    char s[200];
    if((pin=fopen(fname1,"r"))==NULL)
```

```
    {
        printf("Cannot open %s file.\n",fname1);
        exit(1);
    }
    while(!feof(pin))
    {
        fgets(s,200,pin);
        fputs(s,stdprn);
    }
    fclose(pin);
}
```

5.
```
#include <stdio.h>
#include <stdlib.h>
void main()
{
    long int i;
    FILE * fp;
    char * filename="a.txt";
    if((fp=fopen(filename,"rb"))==NULL)
    {
        printf("Cannot open file.\n");
        exit(1);
    }
    fseek(fp,0L,2);
    i=ftell(fp);
    printf("Filesize=%ld\n",i);
    fclose(fp);
}
```

6.
```
fseek(fp,30L,0);            /*将文件指针移到离文件开头 30 字节处*/
fseek(fp,10L,1);            /*将文件指针移到当前位置后 10 字节处*/
fseek(fp,-10L,2);          /*将文件指针移到离文件末尾 10 字节处*/
```

7.
```
#include <stdio.h>
#include <stdlib.h>
void main()
{
    FILE * pin, * pout;
    char * fname1="old.txt", * fname2="new.txt";
    if((pin=fopen(fname1,"r"))==NULL)
    {
        printf("Cannot open %s file.\n",fname1);
        exit(1);
    }
```

```
        if((pout=fopen(fname2,"w"))==NULL)
        {
            printf("Cannot open %s file.\n",fname2);
            exit(1);
        }
        fseek(pin,10L,0);          /* 将文件指针移到离文件开头 10 字节处 */
        while(!feof(pin))
            fputc(fgetc(pin),pout);
        fclose(pin);
        fclose(pout);
    }

8.  #include <stdio.h>
    #include <stdlib.h>
    int main()
    {
        FILE * fp;
        int i,j,n,ni;
        char c[160],t,ch;
        if((fp=fopen("A","r"))==NULL)
        {
            printf("file A cannot be opened\n");
            exit(0);
        }
        printf("\n A contents are :\n");
        for(i=0;(ch=fgetc(fp))!=EOF;i++)
        {
            c[i]=ch;
            putchar(c[i]);
        }
        fclose(fp);
        ni=i;
        if((fp=fopen("B","r"))==NULL)
        {
            printf("file B cannot be opened\n");
            exit(0);
        }
        printf("\n B contents are :\n");
        for(i=ni;(ch=fgetc(fp))!=EOF;i++)
        {
            c[i]=ch;
            putchar(c[i]);
        }
```

```
        fclose(fp);
        n=i;
        for(i=0;i<n;i++)
            for(j=i+1;j<n;j++)
                if(c[i]>c[j])
                {
                    t=c[i];c[i]=c[j];c[j]=t;
                }
        printf("\n C file is:\n");
        fp=fopen("C","w");
        for(i=0;i<n;i++)
        {
            putc(c[i],fp);
            putchar(c[i]);
        }
        fclose(fp);
        getchar();
    }
```

9.
```
    #include <stdio.h>
    #include <stdlib.h>
    #define N 3
    struct student
    {
        int num;
        char name[15];
        float score1;
        float score2;
        float score3;
        float average;
    } st[N];
    void main()
    {
        int i;
        float f;
        FILE * fp;
        for(i=0;i<N;i++)
        {
            printf("请输入学生信息(姓名,学号,3门课的成绩):\n");
            scanf ("%s%d%f%f%f",&st[i].name,&st[i].num,&f,&st[i].score2,
                &st[i].score3);
            st[i].score1=f;
            st[i].average= (f+st[i].score2+st[i].score3)/3;
```

```
        }
    if((fp=fopen("stud","wb"))==NULL)
    {
        printf("Cannot open file idata.dat.\n");
        exit(1);
    }
    fwrite(st,sizeof(struct student),N,fp);
    fclose(fp);
}
```

附录  运算符的优先级及其结合性

APPENDIX B

优先级	运算符	名　　称	结合性
1	() [] -> .	小括号 数组下标运算符 指向结构体成员运算符 结构体成员运算符	自左至右
2	! ~ ++ -- - (类型) * & sizeof	逻辑非运算符 按位取反运算符 增1运算符 减1运算符 负号运算符 类型转换运算符 间接访问运算符 取地址运算符 长度运算符	自右至左
3	* / %	乘法运算符 除法运算符 取模运算符	自左至右
4	+ -	加法运算符 减法运算符	自左至右
5	<< >>	左移运算符 右移运算符	自左至右
6	<　<=　>　>=	关系运算符	自左至右
7	== !=	等于运算符 不等于运算符	自左至右
8	&	按位与运算符	自左至右

续表

优先级	运算符	名　称	结合性
9	^	按位异或运算符	自左至右
10	|	按位或运算符	自左至右
11	&&	逻辑与运算符	自左至右
12	||	逻辑或运算符	自左至右
13	?:	条件运算符	自右至左
14	= += -= *= /= %= >>= <<= &= ^= |=	赋值运算符	自右至左
15	,	逗号运算符	自左至右

附录 C

标准 ASCII 字符集

标准 ASCII 字符集共有 128 个字符,其 ASCII 码值为 0～127。下面列出了常用字符及其 ASCII 编码值,其中编码值给出了十进制和十六进制两种表示形式。

十进制	十六进制	字符	十进制	十六进制	字符
0	00	NUL(^@)	64	40	@
1	01	SOH(^A)	65	41	A
2	02	STX(^B)	66	42	B
3	03	ETX(^C)	67	43	C
4	04	EOT(^D)	68	44	D
5	05	ENQ(^E)	69	45	E
6	06	ACK(^F)	70	46	F
7	07	BEL(^G)	71	47	G
8	08	BS(^H)	72	48	H
9	09	HT(^I)	73	49	I
10	0A	LF(^J)	74	4A	J
11	0B	VT(^K)	75	4B	K
12	0C	FF(^L)	76	4C	L
13	0D	CR(^M)	77	4D	M
14	0E	SO(^N)	78	4E	N
15	0F	SI(^O)	79	4F	O
16	10	DLE(^P)	80	50	P
17	11	DC1(^Q)	81	51	Q
18	12	DC2(^R)	82	52	R

十进制	十六进制	字符	十进制	十六进制	字符
19	13	DC3(^S)	83	53	S
20	14	DC4(^T)	84	54	T
21	15	NAK(^U)	85	55	U
22	16	SYN(^V)	86	56	V
23	17	ETB(^W)	87	57	W
24	18	CAN(^X)	88	58	X
25	19	EM(^Y)	89	59	Y
26	1A	SUB(^Z)	90	5A	Z
27	1B	ESC	91	5B	[
28	1C	FS	92	5C	\
29	1D	GS	93	5D	]
30	1E	RS	94	5E	^
31	1F	US	95	5F	_
32	20	SP(空格)	96	60	`
33	21	!	97	61	a
34	22	"	98	62	b
35	23	#	99	63	c
36	24	$	100	64	d
37	25	%	101	65	e
38	26	&	102	66	f
39	27	'	103	67	g
40	28	(	104	68	h
41	29	)	105	69	i
42	2A	*	106	6A	j
43	2B	+	107	6B	k
44	2C	,	108	6C	l
45	2D	—	109	6D	m
46	2E	.	110	6E	n
47	2F	/	111	6F	o
48	30	0	112	70	p
49	31	1	113	71	q

续表

十进制	十六进制	字符	十进制	十六进制	字符
50	32	2	114	72	r
51	33	3	115	73	s
52	34	4	116	74	t
53	35	5	117	75	u
54	36	6	118	76	v
55	37	7	119	77	w
56	38	8	120	78	x
57	39	9	121	79	y
58	3A	:	122	7A	z
59	3B	;	123	7B	{
60	3C	<	124	7C	|
61	3D	=	125	7D	}
62	3E	>	126	7E	~
63	3F	?	127	7F	Del

常用的 C 语言库函数

APPENDIX D

表 D.1　基本输入输出库函数

函 数 原 型	功　　能	头文件
int putchar(int ch);	把字符 ch 输出到屏幕上。成功时返回字符 ASCII 值,否则返回 -1	stdio. h
int puts(char * string);	输出字符串 string。成功时返回非负数,否则返回 EOF	stdio. h
int getch(void);	从键盘直接读取一个字符,但并不回显到屏幕上。返回读入的字符	conio. h
int getche(void);	从键盘取得字符,在屏幕上回显。返回读入的字符	conio. h
char * gets(char * s);	从 stdin 读入以换行符终结的字符串,将其存在 s 中,并将 s 中的换行符用空字符(\0)代替。成功时返回 s,出错或读到文件尾时返回 NULL	stdio. h
int getchar(void);	返回从 stdin 读入的一个字符	stdio. h
int printf(const char * format[,argument,…]);	将格式化的数据输出到标准设备。format 是输出格式字符串,[,argument,…]是输出项系列。成功时返回输出的字节数,如果出现错误则返回 EOF	stdio. h
int scanf(const char * format [,argument,…]);	格式化读(格式化输入扫描从键盘输入的字段)按格式指示符 format 进行转换,存入相应的地址[,argument,…]中	stdio. h

表 D.2　动态分配库函数

函 数 原 型	功　　能	头文件
void * malloc(size_t size);	动态分配内存 size 个字节;成功返回非 0,调用不成功(没有分配到内存)返回 NULL(0)	stdlib. h
void free(void * p);	释放动态内存分配时首地址 p;	stdlib. h

表 D.3　文件读写库函数

函 数 原 型	功　　　能	头文件
FILE ∗ fopen(char ∗ fn,char ∗ mode);	以模式 mode 打开文件名 fn。成功时返回指向 fn 的指针,失败时返回 NULL	stdio. h
int fclose(FILE ∗ fp);	关闭与 fp 相联系的文件。成功时返回 0,否则返回非 0 值	stdio. h
int fputc(int ch, FILE ∗ fp);	把字符 ch 写入文件 fp 中。成功时返回写入的字符,否则返回 EOF	stdio. h
int fgetc(FILE ∗ fp);	从文件 fp 读入一个字符。成功时返回读入字符;如遇文件结束或调用有错,返回 EOF	stdio. h
int fputs(char ∗ s, int n, FILE ∗ fp);	把一个尾零字符串 s 写入文件 fp 中。成功时返回写入的最后一个字符,否则返回 EOF(尾零字符不写入)	stdio. h
char ∗ fgets(char ∗ s, int n, FILE ∗ fp);	从文件 fp 读入一个字符串放到缓冲区 s 中。成功时返回读入字符串首址;如遇到文件结束或调用时有错,返回 EOF	stdio. h
size_t fread(void ∗ buff,size_t size,size-t n, FILE ∗ pf);	从 pf 读入 n 个 size 大小的数据项到 buff 缓冲区。调用成功返回 n 值;如有错误或遇文件末尾,返回 0	stdio. h
size_t fwrite(const void ∗ buff,size_t size, size-t n, FILE ∗ pf);	从 buff 缓冲区写 n 个 size 大小的数据项到 pf 文件。调用成功返回 n 值	stdio. h
int fprintf(FILE ∗ pf,char ∗ f[,arg,…]);	格式输出。pf 为输出文件,f 是输出格式字符串,[,arg,…]是输出项列表。返回输出的字节数,如果出现错误则返回 EOF	stdio. h
int fscanf(FILE ∗ pf,char ∗ f[,arg,…]);	格式输入。pf 为输入文件,f 是输入格式字符串,[,arg,…]是输入项列表。函数返回读入的字符数;如出现错误,则返回 EOF;如无一成功地读入,则返回 0	stdio. h
int fflush(FILE ∗ pf)	用于强制刷新输入流 pf 的缓冲区。成功返回 0,否则返回 EOF	stdio. h
int sscanf(char ∗ buff, char ∗ f[,arg,…]);	格式化从缓冲区 buff 读	stdio. h
int sprintf(char ∗ buff, char ∗ f[,arg,…]);	格式化写到缓冲区 buff	stdio. h
int feof(FILE ∗ pf);	测试流是否已在尾部。如在尾部返回非 0,否则返回 0	stdio. h
long ftell(FILE ∗ pf);	检测文件 pf 的当前位置。返回流 pf 的当前位置,如有错误则返回-1	stdio. h
int fseek(FILE ∗ pf,long offset,int origin);	移动流 pf 的指针,从 origin(起始点)移动 offset 个字节	stdio. h

表 D.4　字符串处理库函数

函 数 原 型	功 能	头文件
int puts(char * s);	输出 s 指针所指的字符串。返回非负整数，调用失败返回 EOF	stdio.h
char * gets(char * s);	从键盘输入字符串存放在地址 s 处。返回地址 s，如调用出错或无输入返回 0	stdlib.h
char * strcpy(char * t,char * s);	从 s 处复制字符串到 t 处。返回 t 指针	string.h
char * strcat(char * s1, char * s2);	把 s2 处的字符串连接在 s1 处字符串的后面。返回 s1 的地址	string.h
size_tstrlen(char * s);	返回 s 处字符串的字符个数(不包括尾零)	string.h
int strcmp(char * s1,char * s2);	比较 s1 和 s2 指针所指的字符串。相等返回 0,否则返回非 0	string.h
int atoi(char * s);	把 s 字符串转换为 int 型。返回转换后的值	stdlib.h
long atol(char * s);	把 s 字符串转换为 long 型。返回转换后的值	stdlib.h
double atof(char * s);	把 s 字符串转换为 double 型。返回转换后的值	stdlib.h
char * itoa(int value,char * s,int radix);	把数制为 radix 的 int 型的数 value 转换为字符串,存放在 s 地址处。返回转换后的 s 地址	stdlib.h
char * ltoa(long value,char * s,int radix);	把数制为 radix 的 long 型的数 value 转换为字符串,存放在 s 地址处。返回转换后的 s 地址	stdlib.h
char * gcvt(doble value,int sig,char * buf);	把浮点型数 value(有效位 sig)转换为字符串,存放在 buf 地址处。返回转换后的 buf 地址	stdlib.h

表 D.5　数学处理库函数

函 数 原 型	功 能	头文件
int abs(int n);	返回整型数 n 的绝对值	stdlib.h
double cos(double x);	返回 x 的余弦值	math.h
double exp(double x);	返回 x 的指数函数值 e^x	math.h
double fabs(double x);	返回 x 的绝对值	math.h
double log(double x);	返回 x 的自然对数值	math.h
double log10(double x);	返回 x 的以 10 为底的对数值	math.h
double pow(double x, double x);	返回 x 的 y 次幂 x^y	math.h
int rand(void);	产生一个伪随机数(0~32 767)	stdlib.h
double sin(double x);	返回 x 的正弦值	math.h
double sqrt(double x);	返回 x 的平方根值	math.h
void srand(unsigned seed);	以种子数 seed 设置伪随机数序列的起始点	stdlib.h
double tan(double x);	返回 x 的正切值	math.h

参 考 文 献

[1]　于帆.程序设计基础(C语言版)[M].北京：清华大学出版社,2006.

[2]　徐宏喆.C++面向对象程序设计[M].西安：西安交通大学出版社,2007.

[3]　郭继展.新编C语言学习指导与习题[M].北京：机械工业出版社,2003.

[4]　高屹.C语言程序设计与实践[M].北京：机械工业出版社,2005.

[5]　徐晓.C语言程序设计实践教程[M].北京：电子工业出版社,2006.

[6]　王行言.计算机程序设计基础[M].北京：高等教育出版社,2005.

[7]　严蔚敏.数据结构(C语言版)[M].北京：清华大学出版社,2002.

[8]　王庆瑞.数据结构教程(C语言版)[M].北京：北京希望电子出版社,2002.

[9]　张乃孝.算法与数据结构：C语言描述[M].北京：高等教育出版社,2006.

[10]　Kruse R L,Ryba A J.Data Structures and Program Design in C++[M].Prentice Hall,1999.

[11]　程自强,高屹.C语言程序设计[M].北京：科学出版社,2001.

[12]　施小英.C语言程序设计与软件开发基础[M].上海：上海交通大学出版社,1996.

[13]　谭浩强.C程序设计[M].北京：清华大学出版社,1999.